ヒューマンエラー防止の心理学

重森雅嘉 著

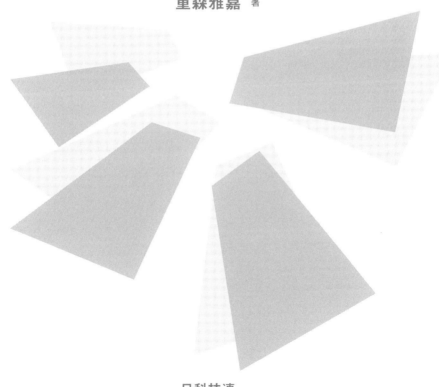

日科技連

まえがき

　設備改良やルールの設定、教育や研修をしっかりやっているのに、ヒューマンエラーを原因とする事故がなくならない。また、製造現場では、ヒューマンエラーに起因する不良品がなくならない。事故が起こるときや不良品が出るときには、せっかく導入したヒューマンエラー防止の手順が守られていない。注意すれば間違えないはずなのに不注意のミスによる事故がいつまで経ってもなくならない。

　この本を手に取ったあなたは、このような問題にどう対処したらいいか頭を悩ませているのではないだろうか。

　本書は、ヒューマンエラー、特にうっかりミスによって生じる事故について心理学、もしくは認知科学の視点から科学的に解説したものである。タイトルどおり、本書はヒューマンエラーによって生じた事故や不良の防止を考えるための知見を示している。本書の読者として想定しているのは、品質管理、事務的なミス、医療ミス、労働災害など各種産業でヒューマンエラー防止に携わっている方である。

　もちろん、ヒューマンエラーは工場や事務所、病院だけではなく、日常のさまざまな場面で生じる。したがって、日常生活の中で生じるさまざまなヒューマンエラーに悩まされている方や関心を持っている方にも興味深く読めるように工夫した。

　ヒューマンエラー発生のメカニズムや事故防止の考え方は、事故防止の担当者や安全管理者でなくても、誰にとっても興味深いものである。もし、あなたが上記の想定読者から外れていたとしても、せっかく手に取ったこの本をすぐに棚に戻さずにお読みいただきたい。そして、事故やヒューマンエラーに関する見識を深め、テレビや新聞、インターネットで流れる事故のニュースや自分

自身が起こす日々の失敗を、心理学や認知科学の側面から興味深く感じられるようになっていただければありがたい。

　本書の第3～5章は、上記の関心に直接対応した内容となっている。すなわち、そこでは、ヒューマンエラーの発生メカニズムや防止対策、ヒューマンエラーの原因を見つける方法について解説した。

　第3章では事故の原因となるヒューマンエラーがなぜ起こるのか、人の記憶や注意のメカニズムをもとに解説している。

　第4章では現在、さまざまな産業の現場で用いられている主なヒューマンエラー防止対策の防止メカニズムや有効性、欠点などを第3章で示したヒューマンエラー発生の心理学的、認知科学的メカニズムに沿って解説している。さらに第5章では事故の原因となるヒューマンエラー、そして、そのヒューマンエラーの原因の見つけ方を、再び第3章のヒューマンエラーの発生メカニズムに沿って解説している。これらは、私の研究も含め、国内外の科学的な研究から得られたエビデンスにもとづいてまとめたものである。第3～5章を読むことによりヒューマンエラーの発生や防止、原因についての理解が深まり、ヒューマンエラーを原因とする事故の防止を考える助けとなるだろう。

　しかし、第3～5章を読めばヒューマンエラー、そしてヒューマンエラーを原因とする事故防止の確実で具体的な方法やその方法を考えるための手がかりを得られるかというと、残念ながらそう簡単ではない。

　ヒューマンエラーやヒューマンエラーに起因する事故を確実に防ぐための方法は世の中には存在しない。なぜ、ヒューマンエラーやヒューマンエラーに起因する事故の確実な防止方法が存在しないのか、存在しないならば職場の安全を作り上げるためにどういうふうに考えていけばいいのか。これについての考えを第1章と第2章に示した。

　私がヒューマンエラー研究にかかわり始めた1997年頃は、産業界やヒューマンファクターズの研究者の間では、事故やヒューマンエラーには原因があり、原因を明確にし、原因を取り除いたり、原因の連鎖を断ち切ったりすることにより事故を防ごうという風潮があった。しかし、現在は少なくとも産業事故や交通事故にかかわっている研究者の間では、明確な原因（根本原因）を見

つけて、それを取り除けば事故は防止ができるという考えは単純すぎるというのが常識である。

第1章では、従来の事故防止、産業安全の基本的な考え方とその致命的な問題点を示した。原因を見つけてそれを取り除くという発想だけでは、事故防止は成し得ないのである。

従来の安全の考え方の問題点を補うための、事故防止の考え方、もっといえば新しい安全の考え方を第2章で示した。第2章では、第1章の問題から生まれる想定外の事象や効率と安全のバランス問題にしなやかに（レジリエントに）対応するシステムや組織の構築を目指す考え方（レジリエンス・エンジニアリング）とその考え方の1つであるセイフティⅡや創造的安全について解説している。

第1章、第2章で扱った問題は、ヒューマンファクターズなどのアカデミックな世界では常識となっている考え方である。しかし、産業現場や世の中は、まだ明確な原因を見つけて取り除くことにより安全な職場を作り上げようという従来の見方が大方を占めるように思われる。章立ての順で、第1章、第2章で安全の考え方を再検討してもらったうえで、第3〜5章のヒューマンエラーに関する知見を得てもらうほうが、これらの知見が生きるはずである。

最後の第6章は、局所的な視点で闇雲にリスクを避けることにより、別の重大なリスク、特に大局的な目的を見失うリスクを抱えてしまうリスクについて述べた。最後は科学的なエビデンスも少なく勝手な思いになってしまっているかもしれない。とはいえ、短いので、最後までお付き合いいただけるとありがたい。

2020年12月

重森 雅嘉

ヒューマンエラー防止の心理学
目　次

第4章	ヒューマンエラーの防ぎ方を見直す………77

| 第5章 | **ヒューマンエラーの原因を突き止める**………125 |

第6章 **ヒューマンエラーのススメ**⋯⋯⋯159

装丁・本文デザイン＝さおとめの事務所

これまでの安全

1.1　管理的安全

　事故を起こすことなく安全に作業を終えることは、工場や工事現場、交通、運輸産業、医療産業などにかかわるすべての人の願いである。しかし、実際には事故はたびたび生じており、残念なことに誰もに事故を起こす可能性がある。

　それでは、事故を起こすことなく安全に作業を終えるためにはどうすればいいのだろうか。これまで、私たちは事故を起こすことなく作業を終えるためには安全な手順(想定された手順、理想的な手順;Work-As-Imagined:WAI)に従って作業すれば事故は起こらないと考えてきた(図1.1)。逆にいえば、事故が起こるのは安全な手順とは違うことをしたということである。

　このため、事故が起こると安全な手順からズレた部分(事故原因)を見つける

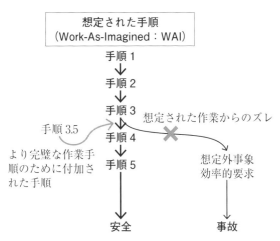

図 1.1　セイフティ I および管理的安全

べく事故分析が行われ、安全な手順からズレることのない完璧な安全手順を作ることで類似の事故の再発を防ごうとしてきた。この安全の考え方はセイフティⅠと呼ばれる[1]。セイフティⅠとほぼ類似の概念であるが、筆者はこれを管理的安全[注1]と呼んでいる[2]。管理的安全と名付けた理由は、この安全の考え方は、完璧に安全な手順を作り、それを遵守するよう管理することにより安全を実現しようとしているからである。これまでの安全は、管理的安全を目指してきたといえる。

　事故が起こると管理的安全にもとづき、事故を起こさない完璧に安全な作業手順を作るべく、事故を引き起こした作業手順の不備を補う新しい手順が加えられる。事故が起こるたびにこれを繰り返すと作業手順はどんどん複雑になり、結果として分厚い手順書ができ上がる。そして、これまでは、でき上がった完璧な分厚い手順書の遵守および管理に時間と労力を費やしてきた。

　しかし、今、私たちはそのやり方に満足しているだろうか。もちろん、これまでの事故防止の考え方が正しかったかをどうかを判断するうえで、事故がなくなったかどうか、または減ったかどうかという結果だけを指標に評価したのでは、これまでの取組みを過小評価することになる。なぜなら、どんな考え方ややり方をとっても事故を完全にゼロにすることは難しいからである[3]。

　しかし、事故件数の増減を棚上げしたとしても、私たちはこれまでの事故防止のやり方に満足できていない。それはなぜだろう。

1.2　管理的安全の欠点

　事故が起こるたびに、安全に至るはずの正しい手順の不備を見つけ、より完璧な手順（想定された手順、理想的な手順；Work-As-Imagined：WAI）を作るべく、新しい作業が追加されてきた。そして、これが繰り返されることにより、詳しく分厚い作業手順が作られた。それでも、新しい不備（想定外の不備）が必ず露見し、完璧な作業手順はいつまでたっても完成しない。

　また、追加された作業のために作業効率が著しく低下し、実際には決められたものとは違う手順（実際に行われる手順；Work-As-Done：WAD）で作業を

行わざるを得ない場面が多く出てくる。これは決められた手順とは違うやり方の作業を意図的に行うのであるから違反であることも多い。

すなわち、安全のために完璧な作業手順を作ろうとしても、いつまでたってもそれは完成せず、また完璧な手順を目指せば目指すほど作業効率が阻害され違反しなければならないような場面が増えるのである。これが管理的安全の問題である。

つまり、管理的安全の問題を大きく分けると、以下の2つになる。

【管理的安全の問題】

① 完璧性問題……いくら完璧な手順を想定しようとしても想定しきれないものが必ず存在すること、すなわち完璧に安全な手順が作れないこと

② 効率性問題……完璧な手順書（マニュアル）を作るために手順を加えれば加えるほど効率が低下すること、すなわち完璧に安全な手順に近づくほど実際にはその手順に従えないということ

以下に、この2つの問題についてもう少し詳しく検討する。

1.2.1 完璧性問題（管理的安全の問題①）

完璧に安全な手順を作るためには、すべてのことが想定されていなければならない。しかし、起こり得るすべてのことを想定することなどできない。なぜなら、故障なども含めた機器の動作や不調のすべてのパターン、異常気象をも含めたすべての天候や自然の振る舞いパターン、環境の変化のパターン、人のすべての動作、行動パターンなど、これらすべてのことを詳細に想定することなどできないからである。すべてのことを想定できない、なら、安全な作業のための完璧な手順を作ることは不可能である。

そうであるならば、完璧な手順を作り、それを遵守、管理することにより安全を作り上げようとすること自体がそもそもできないことになる。すなわち、本来、管理的安全は実現できないものなのである。

わかりやすく考えるため、まず極端な例をあげる。2011年3月11日に発生

した東日本大震災のときには、多くの想定外の事態が発生した。これにより、すべてを想定し、完璧な手順書により対応することが不可能であることが私たちに明確に示されたのである。東日本大震災では、想定外のできごとがたくさん起こる中、想定外のできごとに対し、うまく対応できた事例やできなかった事例がたくさん生じた。

　例えば、JR仙石線野蒜駅付近で発生した「命を分けた停車位置」事例は、想定外に対する対応の違いを明確に示したものである。

　JR仙石線野蒜駅を同時に出発した上下線列車が出発後震災に遭遇したが、下り列車は津波の被害を免れたのに対し、上り列車は津波に飲まれた。難を逃れた下り列車は地元客の「ここにとどまったほうが安全だ」という助言に従い、手順書どおりではない対応により津波に遭わずに済んだ。しかし、上り列車は、緊急停車後、手順書どおり指令からの無線指示により乗客を300m離れた場所に避難誘導し津波に飲まれたのである。

　津波が来る危険性がある場合にどうすべきかは、地震や津波の規模や置かれた状況によって異なる。したがって、津波が来た際の完璧に安全な対応を想定することはできない。そのため、少なくともこのような非常時の安全は、管理的安全の考え方では成し得ない。想定外が多発する非常事態においては、管理的安全でしか考えられない人は適切な対応をすることが難しい。

　わかりやすく考えるために、極端な例をあげたが、普段の作業の中でも、以下のような事項がすべて想定されているわけではない。

---

① 　機器の動作や不調

② 　天候や自然の振る舞いパターン

③ 　環境の変化のパターン

④ 　人の動作、行動パターン

　例えば、道路保守における道路ぎわの木の剪定や草刈り作業でも、枝や草の茂り具合による対応の仕方は多くの場合、手順書に載っていない。病院でも、患者病状や反応がすべて想定され、手順書に記されているわけではない。これ

は、どんな職場のどんな作業でも同様である。

　非常時に限らず、日常の作業の中にも細かい想定外はたくさん存在している。したがって、非常時に限らず日常の作業の安全も本来、管理的安全の考え方では対応しきれないのである。

　実際、日々の作業の中にも手順書には載っていないさまざまな想定外が含まれている。そのため、作業者はすべての作業を手順書どおりに行っているわけではない。それでは、どのようにして作業者は日々の作業の想定外に対応しているのであろうか。それを考える前にもう1つの効率性の問題を検討する。

1.2.2　効率性問題（管理的安全の問題②）

　管理的安全は、安全に作業を行うための完璧な手順を作り、遵守することを目指すものであるが、すべてのことを想定することはできない（完璧性の問題）。したがって、管理的安全の実現がそもそも不可能であることを述べた。

　しかし、完全ではなくても日常の作業に関してなら、ある程度完璧に近い手順書を作ることができ、管理的安全を目指せるのではないだろうか。先に考えたような大きな震災などの非常時ならば多くの想定外が生じることは仕方がないとしても、また、日常の作業において作業手順の細部に至るすべてを想定することができないとしても、日常の作業の大部分を想定できるならば、現実的には十分な安全を実現できるのかもしれない。実際、私たちはこれまで具体的で詳しい安全手順を作ることにより、いくつかの事故は防いできた。

　しかし、一方でせっかく作った安全の手順が遵守されないという問題も生じている。ある程度完璧な手順が確立され、それを遵守すれば事故が防げる可能性が高いにもかかわらず、実際には手順どおりに行われずに同じような労働災害や事故が繰り返し発生している。この場合、手順自体はある程度完璧であるため、その後の事故防止対策としては「手順を遵守しましょう」と注意するしかない場合が多い。しかし、なぜ、せっかくの完璧な手順が遵守されないのだろうか。

　完璧を目指した安全手順を遵守することができない理由の1つは、私たちが限りある時間の中で作業を行っているからである。これは従来から効率と安全

のトレードオフとして知られている問題である。

　完璧に遵守すれば完璧に安全な状態を保てる完璧な作業手順があったとしても、限られた時間の中でそれを実行することが不可能な場合もある。また実行可能であるとしても著しく効率を欠くために受け入れられなかったりするためトレードオフが生じる。最近では、同様の問題が、効率と完璧さのトレードオフ（Efficiency-Thoroughness Trade-Off：ETTO）原理として再び問題提起されている[4]。

　もし、無限に時間があるならば、どんなに詳細な手順であっても実行できるかもしれない。もちろん、いくら無限に時間があっても、やるほうが途中でうんざりして止めてしまうかもしれない。しかし、仮に回りくどく鬱陶しく長々とした手順を気にせず粛々と遂行する精神力が人間に備わっていたとしても、現実の世界では、そのような完璧な手順書に従って行えるほど作業時間に余裕がないことがほとんどである。

　例えば、ニュースでときどき、駅のホームにおいてベビーカーが電車のドアに挟まれたまま車両が動き出してしまったという問題が取り上げられる。駅で電車が出発する際に閉めたドアに何か挟まれていないかどうかを完璧に確認するためには、車掌がドアを閉めた後に1つひとつのドアの前まで行き、目視すればいい。車掌、さらにいうならば、鉄道の利用客である私たちに無限の時間があるならば、それでもいいかもしれない。

　しかし、あなたはドア挟まれ確認のために、停車時間が延び、それで運行本数が減った鉄道を利用したいと思うだろうか。そうなると電車一本あたりの利用客が増加するため、電車とホームが混み合い、余計に挟まれの危険が増えるかもしれない。

　この話は極端であり、こんなに極端に効率を欠いた対策は実際には行われていないだろう。しかし、ここまで極端ではなくても、あなたの会社や工場、病院には、事故が起こるたびに、管理的安全に従って作業手順の不備が指摘され、より詳細で複雑な作業手順を作ることにより、随分効率が悪くなり不便になったものはないだろうか。

　例えば、作業後、作業を行ったのとは別の作業者により作業結果を確認する

という手順はさまざまな産業の現場に見られる。この作業手順をダブルチェックという。この別の作業者によるダブルチェック自体もおそらく確認漏れが生じたために、付け加えられた完璧な安全手順に向けての作業であろう。

しかし、この完璧な手順により作業を行ったにもかかわらず、再び確認漏れが生じることがある。この場合、確認漏れが生じない、より完璧な作業手順を作るために、別の人がもう一度確認するという手順が導入されるようなことが起こっていないだろうか。確認者が増え、確認回数が増えれば作業効率は確実に低下する。

事故防止対策として新しい詳細な手順が導入された時点では、面倒で完璧な作業手順が遵守されることもあるだろう。いくらなんでも、初めからできない手順を導入するほど人は間抜けではない（そうとも言い切れないかもしれないが……）。

とにかく、事故防止対策が導入された当初は、効率が低下しても何とか手順に従おうとする。しかし、日々の効率の圧迫から逃れることは難しく、結局しばらくすると面倒で完璧な手順は遵守されなくなり、同様の事故が再発するということが繰り返される。人が有限の時間を生きている以上、世の中は非効率を無限に許容することはできないのである。効率要求を無視することができず、完璧な手順の遵守が不可能である以上、管理的安全による完璧な安全の実現は不可能なのである。

すべてのことを想定した完璧な手順を作ることもできず、完璧に近づけようとしてできるだけ細かな作業手順を作れば遵守できないという2つの致命的な問題のために、管理的安全の考え方では安全な職場は実現しない。それでは、これまで目指してきた管理的安全が実現できないのであれば、私たちはどのような安全を目指したらよいのだろうか。

第 1 章の参考文献

[1]　E. Hollnagel: *Safety-I and Safety-II: The past and future of safety management*, Farnham, UK: Ashgate, 2014.（エリック・ホルナゲル 著、北村正晴、小松原明哲 監訳：『Safety-I ＆ Safety-II—安全マネジメントの過去と未来』、海文堂出

版、2015 年）

［ 2 ］　重森雅嘉：「管理的安全から創造的安全へ」、『立教大学心理学研究』、60、pp. 5-14, 2018 年。

［ 3 ］　芳賀繁：『失敗ゼロからの脱却：レジリエンスエンジニアリングのすすめ』、KADOKAWA、2020 年。

［ 4 ］　E. Hollnagel: *The ETTO principle: Efficiency-thoroughness trade-off: Why things that go right sometimes go wrong*, Aldershot UK: Ashgate, 2009.

第2章

もう1つの安全

2.1 創造的安全

　すべてを想定することができず必ず想定外の事象が存在し、また効率的要求を無視した完璧な安全手順を実行することができないならば、想定外の事象にうまく対応し、効率的要求と完璧な安全の間のバランスポイントを見出す力を身に付けていくしかない。

　このためには、想定外の事象や効率的要求が発生した場合に、想定された手順(Work-As-Imagined：WAI)ではない新たな手順を創造しなければならない。なぜなら、想定された手順(WAI)は、想定された事象に対して定められているものだからである。

　そのため、WAIは想定外の事象に当てはめられないことが多く、想定外の事象に対応するためには新たな手順を創造するしかないのである。もう1つの効率的要求への対応も同様である。

　効率的要求の量や質、それが生じる状況により、安全への要求とのバランスポイントは異なる。このバランスポイントもあらかじめ想定することは難しく、またバランスポイントを決める方法もない。したがって、ここでもバランスポイントは創造するしかない。

　管理的安全の問題を補う方法の1つは、想定外の事象や効率的要求への創造的な対応である(図2.1)。

　これらの創造力に加え、創造力を十分に発揮するために発生し得る事象や効率的要求をある程度想定しておくことも重要である。さらに、いざ想定外の事象や効率的要求が発生した際に、それが想定外の事象や効率的な要求であるという認識、気づきを持たなければならない。このような気づきがあって初め

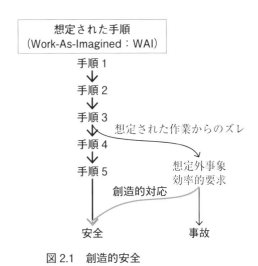

図 2.1　創造的安全

て、想定された手順(WAI)ではなく新たな手順を創造し、対応しなければならないという判断が生まれるからである。

　想定外の事象や効率的要求に対応するために必要とされる創造的対応力をまとめると、以下のようになる。

【創造的対応力とは 】

① 　想定外の事象や効率的要求を想定する力や態度

② 　想定外の事象や効率的要求の気づきと想定外モードへの移行判断

③ 　想定外の事象に対する創造的対応力

④ 　効率的要求に対する創造的対応力

---

　①と②は、③と④の創造的対応力を発揮するために必要な条件であり、③と④の創造的対応力が想定外の事象や効率的要求に対応する主要な力といえる。

　完璧な手順を作り、それを管理、遵守することにより安全を目指す管理的安全に対し、想定外の事象や効率的要求に創造的対応を採ることにより創り上げる安全を「創造的安全」と呼ぶ[注2]。

　セイフティⅠ、Ⅱを提案している Hollnagel は、システムのレジリエンス（resilience）を提起している[1]。レジリエンスとは、事前に定められた基本的な仕組みの範囲を超えるような混乱や変化をうまく処理できることである[2]。これを目指すことをレジリエンス・エンジニアリング（resilience engineering）という。

　レジリエントな対応は、創造的安全が目指すものであり、したがって創造的安全はレジリエンス・エンジニアリングのアプローチの1つといえる。Hollnagel が提起するレジリエンス能力は以下である。

【レジリエンス能力】
① 未来の脅威と好機を予見する能力（anticipating）
② 進展しつつある事象を監視する能力（monitoring）
③ 事象に対処する能力（responding）
④ 過去の失敗・成功の双方から学習する能力（learning）

　先に考察した創造的対応力をこれに対応させると、表2.1 のようになる。以下に創造的対応力を中心とした創造的安全の個々の能力をもう少し詳しく紹介する。

表 2.1　創造的対応力とレジリエンス能力の関係

創造的対応力	レジリエンス能力
①想定外の事象や効率的要求を想定する力や態度	①未来の脅威と好機を予見する能力
②想定外や効率的要求への気づきと移行判断	②進展しつつある事象を監視する能力
③想定外に対する創造的対応力	③事象に対処する能力
④効率的要求に対する創造的対応力	———————

2.1.1　想定外の事象や効率的要求を想定する力や態度

　起こり得るすべての事象を想定することはできないとしても、起こる可能性の高いことをできるだけ想定しておくことは、想定外の事象への対応や効率的要求と安全のバランスをうまくとるために必要である。もちろん、これまでにも議論したように、すべてのことを想定することはできないため、いくら多くのことを想定しても想定外の事象はなくならない。

　したがって「想定外は存在する」という意識は、常に持っている必要がある。そうでないと、想定外の事象が発生しても、それが想定の範囲外であることに気づかず、これまでどおりのやり方を無理やり当てはめようとして対応を誤ることがある。

　しかし、多くのことを想定しておけば想定外の事象を減らすことができる。そして、想定外の事象が減り、想定内の事象が増えれば事象への対応は迅速で的確になる。また、想定外の事象が減れば、対応のための労力を残った想定外の事象に集中させることができる。

　例えば、東日本大震災の際にレジリエントな対応が評価された石巻圏合同救護チームは、震災が生じる以前に多くの震災に対する多くの想定を行い備えていた[3]。災害時の具体的な行動を想定した院内災害対策マニュアルの見直し、災害超急性期活動と急性期以降の活動を想定した日赤 DMAT（Disaster Medical Assistance Team）の設立、災害時の膨大な患者数を想定した近隣病院、地元医師会、行政、消防、保健所、警察、自衛隊などとの「顔が見える」ネットワーク協議会づくり、ヘリコプターと連携した大規模訓練、NTT ドコモショップ石巻店、積水ハウス仙台支店、石巻中心街の飲食店組織四粋会との災害時応援協定締結などである。これらの想定は震災時のレジリエントな対応に重要な役割を果たした。

　このような今後生じ得る事柄、範囲、影響の想定は、現状からの派生パターンとして考えられる。現状からかけ離れたものまで想定しなければならないとすると、作業中に、たまたま飛んで来たボールが頭に当たり打ち所が悪く死んでしまうなど、起こる可能性がほとんどないような突拍子もないことまでを考えなければならない。

　したがって、ある程度現状から起こり得る事柄を想定しておき、備えることになる。このためには現状に対する十分な情報や知識が必要となる。そして、何よりも想定外の事象の発生や効率的要求を想定しようという態度が必要である。このような態度なくして自然にこれらのことが想定され始めることはない。

　まず現状に対する知識には、仕事そのものや仕事を取り巻く環境や状況に関する知識が含まれる。これは、仕事に直接関連したスキル（テクニカルスキルと呼ばれる）にかかわるものである。仕事に関連した想定外の事象を想定するためには、まず仕事そのものをよく知り、そこから派生させて推論する。

　さらに、仕事以外の知識として、人の特性に関する知識も求められる。仕事そのものに詳しくても、仕事や仕事を取り巻く環境の中で、人がどういう振る舞いをする可能性があるかを知らなければ、人の振る舞いを想定することはできない。

　特に、人が関連した事故の可能性を想定するうえでは、人がどういう状況に置かれたときにどのような仕組みでヒューマンエラーや違反を起こすかという知識が必要になる。このような知識があれば、起こる可能性の高い事象の想定や事象の発生の兆候となる事象（ハザード）に気づきやすくなる。

　想定外の事象の発生や効率的要求の想定は、意識しなくても当たり前のように誰もが行っているものではない。これらの想定を行うためには、想定外の事象や効率的要求の想定をしようという態度を持たなければならない。このためには、「自分がやらなければならない」という責任感を持たせる仕組みが必要である。

　上述した石巻圏合同救護チームの例でも、統括した石井正医師が 2011 年の震災発生の 4 年前の 2007 年に石巻赤十字病院の医療社会事業部長に任命されたことにより、災害時の石巻圏の医療に対してさまざまな想定と備えを行っている。

　個人や組織のモチベーションを上げることや自主的にさまざまなことに取り組む組織文化を作り上げるためには、まず役職や役割などを含めた仕組みを作ることが必要である。

2.1.2　想定外や効率的要求への気づきと移行判断

　いくらさまざまなことを想定したとしても、想定しきれないことはたくさんある。また、限りある時間の中で作業をする限りは、安全と効率のバランス問題は必ず生じる。

　したがって、想定外の事象や効率的要求に対して対応できなければ安全は成し得ない。想定外の事象や効率的要求に対応するためには、それが想定外の事象であることやバランスを取るべき効率的要求であることに気づかなければならない。

　1.2.1 項で述べた「命を分けた停車位置」の事例（p.4）でも、「通常の手順を適用すべき想定内事象であるのか、通常の手順では対応しきれない想定外事象であるのかを判断し決断する」という気づきが、その後の対応を分けている。想定外の事象であるのに、想定内事象として通常の手順を当てはめて対応すると、命を危険にさらしてしまうことになる。

　しかし、私たちの思考パターンは基本的に日常のルーチンに過剰に適応している。したがって、日常が非日常にシフトしても気づかないことも多い。いくつかの変化に気づいてもまだ日常の範囲から外れていないと思いたい気持ちが働く。

　例えば、筆者は 15 年ほど前、JR 西日本に単身で出向中に結石で激しい腹痛に襲われた。最初はいつもの腹痛だと思いお腹を温めたり、何度もトイレに行ったりと、とにかく日常の対応を繰り返した。1 時間経っても 2 時間経っても腹痛は酷くなるばかりであったが、夜中であり、また「単身赴任の寮に救急車を呼ぶ」という非日常的、想定外事象用対応はできるだけしたくないと思い、昨晩からその日にかけて食べたものを思い出したり、お腹を冷やした可能性を考えたり、日常の範囲内の対応を続けた。

　しかし、数時間経っても最上級の痛みが継続するばかりであったため、とうとう救急車を呼んだ。トイレに行ったりお腹をさすったりという日常の腹痛対応から救急車を呼ぶような非日常の腹痛対応へのシフトは難しいものだった。

　私たちは、多くの時間を大きな変化のない繰り返しパターンである日常で生きており、繰り返されるパターンへの対応は何も考えずに自動的に無意識に対

応できるようになっている。このため、状況が変わって日常から非日常にシフトしてもそのことに気づきにくい。また、非日常の状況に気づいても、いつもの対応パターン以外思いつかないことがある。

　これは3.5.3項で述べる水瓶のパズルを使ったルーチンスの実験でも証明されている [4]。ルーチンスの実験は課題ごとに大きさの異なる3つの水瓶を使い、課題ごとに指定された量を正確に測るためにはどうしたらいいかを考えるものである。同じパターンの答えを何度も経験するとその答えが自動的に頭に浮かんでしまうために、その答えではダメだとわかっていても他の答えが浮かびにくくなってしまう。

　同じようなことは、日常使っている道具はその道具の繰り返し使っている使い方が自動的に頭に浮かぶため他の使い方が思い浮かびにくいという機能的固着(functional fixedness)にも現れている。用意されたものを用いて、明かりとしてろうそくを壁に立てる方法を考えるろうそく問題は、機能的固着によりなかなか回答を思いつかない典型例である(図2.2) [5] [6]。

　また、非常時や上述の結石の例などでは、いくつか日常と異なる点に気づいても日常の範囲に無理やり押し込めようとする気持ちが働くようである。

　このような心の働きを正常性バイアス(normalcy bias)という [7] [8]。人は煙が入ってきて部屋中煙だらけになっても非常時とは捉えずに目の前の活動をつ

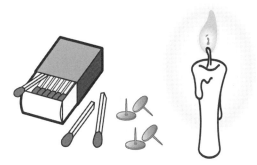

図2.2　ろうそく問題
(絵に描かれたものを使って、灯としてろうそくを壁に立てる方法を考える)

づけることもある[9][10]。そして、このような正常性バイアスのために、災害
や火災時に逃げ遅れることもある[7][11]。

2.1.3　想定外の事象に対する創造的対応力

　想定外のない完璧な手順は作れない。したがって前述のような非常事態も含
め、日常の中の多くの想定外に対しても安全に作業できるようにしなければな
らない。このためには、それぞれの作業者が個人個人で想定外の状況を認識
し、どのようにすれば安全に作業を終えられるかを考え、状況に応じた新しい
手順を創り出して対応する必要がある。事前に準備されていないことに即座に
対応するわけであるから、これはかなり創造力を要する。

　この想定外の事象に対する創造的対応による安全の確立は、それほど新しい
概念ではない。前述したように、現場では作業のすべての事象を想定した詳細
な手順書が作られているわけではない。そのため、作業者は細かな想定外の事
象に日々対応している。

　例えば、道路メンテナンスで地中のケーブル工事を行う際に、ケーブルの周
りに想定外に草が覆っていたからといって、草刈り手順書を探しに帰るわけに
はいかない。実際、そのような手順書自体ほとんど存在しない。そこで、経験
にもとづきケーブル工事ができるように草を取り除くやり方をその場で創造し
て作業を行っているのである。

　この創造に使われる経験は必ずしも仕事上のものに限るものではない。子ど
もの頃の経験や成長する中で身に付けた経験も含まれるだろう。つまり、最前
線（sharp-end）の作業者は、今までもすべてを手順書に頼って作業しているわ
けではなく、当たり前のように日々想定外の事象に創造的に対応しているので
ある。

　しかし、一度事故が起こると、このような創造的対応が許されなくなる。想
定されていなかった部分で生じた不備を補うために、具体的で詳細な作業手順
が想定される。

　例えば、草を刈ろうとして怪我をしたというような労働災害が起こると、
「なぜ安全な草刈り手順が定まっていなかったのか」ということが問題となり、

「今後は草刈り専用の用具により手順書に従い作業すること」という対策がとられることになるわけである。

さまざまな類似の状況を経験してきているベテランの作業者であれば、いちいち状況ごとに手順が決められていなくてもその場その場で創造的に対応できるのに、今日入った新人の作業者でもできるように具体的で詳細な作業手順が明確に決められるのである。

確かに、状況ごとに具体的で詳細な作業手順が決められていれば新人でも作業はできるかもしれないが、自分で状況に合わせて創造した手順ではないので、類似の違った作業への応用が効きにくい。少しでも状況が違うとそれに応じた手順が必要になり柔軟性が失われる。

このようにして手順書だらけになると、日々手順書を勉強することに追われることになる。また、作業者が本来持っている創造力を使うことが少なくなり、仕事の自由度はどんどん小さくなる。こうなると、作業者の創造力が育たないばかりか、仕事のおもしろ味も少なくなってしまう。

管理者側(blunt-end)は、労働災害に対して、管理的安全の考えにもとづき、具体的で確実な対策を取りたがる。このため、現場の作業者(sharp-end)の状況には関係なく、完璧な手順を定め、創造的対応をしないように求める。こうなると、次の効率性の問題が浮上してくる。

2.1.4　効率的要求に対する創造的対応力

確認者数と確認回数を増やす、専用の道具を用意して必ずそれを使う、機器の運転を止めてから当該の作業を行うなど、効率を低下させる「完璧に」安全な対策は事故の記憶が生々しい間は実行されるかもしれない。

しかし、次第に効率の圧力に負けて実行されなくなり、元のやり方に戻ってしまう。事故の可能性が高い不安全な効率的手順も危険であるが、完璧な手順であっても実行されなければ意味がない。効率を無視できないのであれば、完璧ではなくても許容できる程度に安全で、かつ無理なく許容できる程度に効率的な手順が求められる。

安全と効率はトレードオフ関係にあることが多い。このため、安全と効率の

バランスを取る必要がある。安全と効率のバランスが取れた手順であれば、ある程度リスクを低下させながら、ある程度効率的に作業することができ、何よりも継続して用いることができる。現実の問題に、現実的に対応するためには、そのあたりの安全を目指していくしかないのである。

　それでは、安全と効率のバランスはどうやってとったらよいのだろうか。安全と効率のバランスポイントを科学的に決めることはできない。どのくらい安全であれば許容できるか、逆にどのくらいの危険ならば許容できるか、また、どのくらい効率が悪くても許容できるか、これらの許容ポイントは状況によっても異なる。

　例えば大事故が起こった直後ならば、人は効率が悪くても安全性の高さを求めるだろう。逆に、事故がしばらく起こらない状況が続けば、効率の悪さは何らかの怠慢のように見えるかもしれない。鉄道事故が起こった直後では、雨や風の規制でしばらく電車を止めても利用客は安全のためなら仕方ないと納得する。しかし、事故の記憶が十分薄れるくらいの期間、事故が起こっていないような場合、安全のために運転規制や運休措置をとれば、「いつまで電車を止めている！　早く動かせ」というクレームが多くなる。

　状況だけでなく、人により許容できるポイントも異なる。ある人は効率についてはあまり気にすることなく、完璧に近い安全を求めるかもしれないが、別の人は多少の危険は目をつむるから極力効率的であってほしいと思うかもしれない。

　これは、性格による部分が大きいかもしれないし、その人の置かれた立場によっても変わるだろう。刻一刻と変わる状況の中で、それぞれの人がどのくらいの安全と効率のバランスポイントを求めているかを知ることは不可能であり、またすべての人が満足するバランスポイントも存在しない。

　安全と効率のバランスを決めるためにも、想定外の事象に対する創造的な対応と同じく、創造的な判断力が求められる。今、どのくらいの安全や効率が世の中で求められているか、そして自分の立場や部署だけではなく、他部署や組織全体、顧客や利用者、世間が求める安全と効率を踏まえたうえで、今この作業において求められる安全と効率のバランスポイントはどのあたりかを判断し

なければならない。

　この判断のための具体的な情報は得られないことが多い。また、判断ポイントも曖昧であり、正しい判断の仕方もない。かなり創造性が求められる判断であることは間違いない。

　しかし、このような効率的要求に対する安全と効率の創造的バランスも、実際には日々の作業の中で多くの個人や組織がとっているものである。なぜなら、日常の作業においても、完璧に安全で、完璧に効率的な作業手順などほとんどないため、好むと好まざるとにかかわらず、時間内に作業を終えるためには日々バランスを取らざるを得ないからである。

　もちろん、創造的なバランスを取ることがうまい個人や組織もあれば、下手な個人や組織もある。うまくバランスが取れる個人や組織は、状況の変化を捉えながらある程度安全である程度効率よく仕事を進めている。

　ここでも管理者側（blunt-end）は、管理的安全の考えにもとづき、効率を無視して安全で世の中から極力批判されない対策を取りたがる。このため、とてもできそうにない完璧に安全な対策を取ろうとする。

　しかし、そうかといって効率を低下させてよいというわけでもない。結局安全と効率のトレードオフに関連したしわ寄せは現場の作業者（sharp-end）に行く。たまに起こるかもしれない事故を防ぐことよりも、日々の会社からの効率要求に傾かざるを得ず、管理者側からはその効率要求には答えられないような安全な作業手順が提示される。こうなると、結局はその安全な作業手順に違反しなければならなくなるわけである。

2.1.5　創造的対応力を高めるノンテクニカルスキル

　創造的安全を実現するためには、各人の創造的発想力や創造的対応力、創造的判断力を高める必要がある。各人とは現場の作業者（sharp-end）だけではなく、さまざまなレベルの管理者（blunt-end）も含む。創造的安全は、誰かが決めて誰かが作り、多くの人はそれに従っていればいいというものではない。誰もがそれぞれの立場で創造的発想や対応、判断を発揮しなければ創造的安全は、実現しないのである。

　このように、組織の創造的対応力を高めるためには、さまざまな立場の個人の創造的対応力を伸ばすことが大前提となる。しかし、せっかく個人が創造的対応をしようと思っても組織がそれを制限するようでは、創造的安全は実現しない。個人の創造性に加え、組織も個人が創造的対応をしやすいような構造になっており、仕組みを備える必要がある。

　また、組織が個人の創造的対応力を伸ばすような構造や仕組みを備えていなければならない。個人の創造的対応力と組織の創造的対応力の両方が高まることが、創造的安全の実現には必要である。

　それでは、高めるべき創造的対応力とは具体的にどのようなものだろうか。

　安全な作業を行うためには、当該の作業やその作業を含む仕事全体に関するスキルであるテクニカルスキル（technical skills）だけではなく、テクニカルスキルを発揮するうえで必要とされる人間関係に関するスキル（社会的スキル）や状況の認識や判断、意思決定のスキル（認知的スキル）が必要である。

　後者の社会的スキルと認知的スキルは、ノンテクニカルスキル（non-technical skills）、NOTECHS または NTS とも呼ばれる[12][13]。ノンテクニカルスキルは、「テクニカルスキルを補って完全なものとする認知的、社会的、そして個人的なリソースとしてのスキルであり、安全かつ効率的なタスクの遂行に寄与するもの」である[13]。これは想定外の事象や効率要求に柔軟に対応するためにも必要なスキルである。

　ノンテクニカルスキルには、リーダーシップ、チームワーク、コミュニケーション、意思決定、状況認識、ストレスマネジメント、疲労への対応の 7 つが含まれる。

【7 つのノンテクニカルスキル】

① 　リーダーシップ

② 　チームワーク

③ 　コミュニケーション

④ 　意思決定

⑤ 　状況認識

---

⑥　ストレスマネジメント

⑦　疲労への対応

　このうち、創造的対応に直接関係するものは、①リーダーシップ、②チーム
ワーク、③コミュニケーション、④意思決定、⑤状況認識である。

　もちろん、想定外の事象に対応するような場面では、大きなストレスがかか
り、疲労は避けられないかもしれない。したがって⑥ストレスマネジメントや
⑦疲労への対応スキルも創造的対応には重要である。しかし、ストレスマネジ
メントや疲労への対応スキルに関しては筆者の考えが十分に及ばず、ここで扱
いきれないくらいたくさんの知見があるため[14]-[16]、割愛する。

　また、④意思決定と⑤状況認識については、創造的対応力としての「想定外
の事象や効率的要求を想定する力や態度」(2.1.1 項)と「想定外や効率的要求へ
の気づきと移行判断」(2.1.2 項)としてすでに説明している。

　したがって、以下に創造的対応が具体的に求められる①リーダーシップ、②
チームワーク、③コミュニケーションについて考察する。

(1)　創造的対応力を高めるためのリーダーシップ

　想定外の事象や避けられない大きな効率要求に直面した場合、誰かがその問
題に対して創造的な対応を取る必要がある。そして、多くの場合、このような
対応は個人で完結するものではなく、作業チームや作業部署、ときには組織全
体を巻き込んで行わなければならない。そのためには、チームとして対応する
スキル(チームワークスキル)とそのチームをリードするスキル(リーダーシッ
プ)が必要となる。

　想定外の事象に直面した際のリーダーは、作業長や現場長、当該部署のリー
ダーなど通常の作業の枠組みで指定されたリーダーである場合もあれば、通常
の枠組みを超えて当該の問題に直接かかわっている者がやらざるを得ない場面
もある。

　迅速な対応が求められる場合、通常の指揮命令系統に従っていたのでは間に
合わない。例えば、列車火災などの非常時で、目の前で噴き出している煙に対

して通常の指揮命令手順に従い、上司や管理者の判断や意思決定を待っていたのでは手遅れになってしまう。

　このような状況では、通常の指揮命令系統を離れ、現場の作業者(sharp-end)が判断、意思決定し、リーダーシップを発揮してチームを率いなければならない。自分はリーダーなどやる立場ではないし、やる柄ではないなどとはいっていられない。

　したがって、誰もがある程度はリーダーシップについて学び、スキルを身に付けておく必要がある。実際、日常の作業の中でも、会社から指定された職務的リーダーとは別に、役割として指定されていない社員が自主的に他のメンバーに関与することで職場の安全が保たれることがある[17]。

　リーダーの機能としては次の8つが提案されている[18]。このような機能を果たすために必要なスキルがリーダーに求められるスキルといえる。

【リーダーの8つの機能】

① 解決すべき課題(ゴール)の明確化(defining the task)

② 課題を解決するいくつかの方法の立案(planning)

③ チーム内の情報共有(briefing the team)

④ 状況のコントロール(controlling what happens)

⑤ 結果の評価(evaluating results)

⑥ メンバーにやる気を起こす(motivating individuals)

⑦ チームの組織化(organising people)

⑧ 模範を示す(setting an example)

　これらリーダーに求められるスキルには、いずれも創造力が含まれる。そして、それらは、日常の作業の中で身に付けていくものである。

　想定外の事象や効率的要求に対する創造的なリーダーシップスキルを年に1回の講習で学ぶことも大切である。

　しかし、これらを身に付けるためには作業者1人ひとりが日常的にそのようなスキルを用いていなければならない。大きな想定外の事象や効率的要求が生

じたときだけではなく、普段から創造的対応を求める職場体制を作り上げておかなければならない。非常時には創造的対応が求められるのに、そのようなスキルは年1回の講習で使うだけで普段は手順書に従った対応しか許されないようでは、必要なときに使えるスキルは身に付かない。

日常の作業のすべてが、手順書や管理者の指示に従うものであるならば、日常の作業で作業者がリーダーシップスキルとして創造的対応を行う機会はない。日常の作業の中で、創造的対応力を養い、身に付けるためには、日常の作業に手順書にはない作業者が創造的に対応する部分や管理者の指示ではなく作業者自身が対応を任されている部分が多くなければならない。

しかし、手順書や管理者の指示に従う場合には、誰もが似たような対応をすることが期待できるのに対し、個々の作業者に創造的対応を求めれば作業者の技量により作業結果に違いが生じる。すなわち、この場合、初めからうまく行くことは期待できない。したがって、失敗から学べる体制が整えられていなければならない。

もし、創造的に対応した結果があまりいい結果ではなく、よくない結果により非難されたり罰せられたりするようであれば、以後、創造的に対応すること自体を作業者は躊躇するようになる。

結果に対しての批判を恐れることを評価懸念といい、評価懸念があると自主的な行動が妨げられる。評価懸念により他人の目を気にして自主的な行動を躊躇してしまうと、人はただ見ているだけの傍観者になってしまう（傍観者効果）[9] [10]。

特に想定外の事象が生じるような非常時の場合、いくつかの対応を考案できたとしても、どれがうまく行くかわからない場合が多い。また、どの対応も完璧にいい結果を出せないものかもしれない。

すなわち、うまく行く方法自体が存在しないこともある。効率的要求への対応は、効率と安全のバランスを取るものであり、どこでバランスをとっても、効率か安全、またはそのいずれもが十分満たされない。このような状況でも、私たちは、何らかの意思決定をしなければならないが、その決定は、何らかの犠牲は避けられないジレンマ状況での決定となる。

　このような意思決定は、犠牲を伴う判断(sacrifice judgments)[2]や犠牲を伴う決定(sacrificing decision)[19]と呼ばれる。生じた犠牲に対して決定の結果を批判することは容易であるため、批判されることが多くなる。

　しかし、そのような批判文化は評価懸念を強くし、自ら決定者となりリーダーシップを発揮する人を減らしてしまう。創造的対応を促すためには、決定の結果により決定者が責められないことが保証されるような体制や文化が作られなければならない。

　犠牲を伴う判断や決定を行うスキルは、どちらの選択肢を採ってもネガティブな要素が避けられない仮想のジレンマ状況で決定することを学ぶことによって高められる。

　想定された災害場面のさまざまなジレンマ状況で参加者全員が決定を強いられるゲーム(クロスロード)がある[20][21]。4 ～ 5 人のグループでそれぞれが意思決定を行うのであるが、クロスロードでは、基本的に自分以外のメンバーがより多く採るであろう決定を選ばなければならない。つまりこのゲームでは多数派となる決定の選択が求められる。これは、ジレンマ状況で何らかの決定をするという犠牲を伴う判断や決定であり、またその決定基準として自分の主観的な思いを離れて他者の視点に立って客観的に判断することを促すものである。

　クロスロードのようなゲームを通して、リーダーシップに求められる犠牲を伴う判断や決定を学ぶことができる。

(2)　創造的対応力を高めるためのチームワーク(チーミング)

　リーダーシップを求められるチームは、非常時には通常とは異なった構造になる場合がある。通常のチーム構造が、現場からの情報が上層の管理者に順次昇っていき、逆に上層の管理者から指揮、命令が現場に降りていくという上意下達構造であるならば(図 2.3)、非常時に求められるチーム構造は各現場の小チームがそれぞれ大局的な安全ゴールに向かって自主的に判断し、対応し、それぞれの小チームが大局的な安全ゴールに向かって連携するような大きなチームとして働くという構造である(図 2.4)。

　このようなチーム構造はチーミングと呼ばれる[22]。

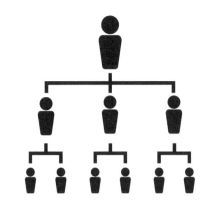

図 2.3　伝統的な上意下達のチーム構造

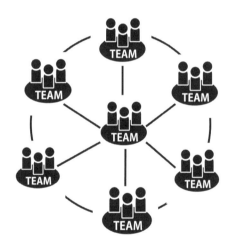

図 2.4　各チームが大局的なゴールを共有しながらそれぞれ自主的
　　　　に行動し連携をとるチーミング

　チーミングを実現するためには、「率直に意見をいう」「協働する」「試みる」
「省察する」の4つが求められる。

【チーミングの実現に必要な要素】

①　率直に意見をいう。

②　協働する。

③　試みる。

④　省察する。

　この中で特にチーミングの中心となるのは「②協働する」ことである。「協働する」とは目標を共有し、目標実現に向かい協調的な行動をとることである。最前線のグループが、個々に目標を共有し、判断し、行動するためには、作業者1人ひとりが普段から組織の非常時を含めた対応指針となる目標を共有している必要がある。

　これは企業であれば、経営理念やそれにもとづいた具体的な方針である。経営理念には、社員に組織の方向性や行動の拠り所を示す内部統合の働きがある[23]。組織の目指すべき経営理念が社員の価値観やルールに取り入れられ、社員の行動に反映する(浸透する)ようになると、情報共有が推進され、権限移譲が促進される[24][25]。

　チーミングを実現するためには、各グループが責任を持ち判断し実行する必要がある。このためには、前述の役職にかかわらず個々の作業者が責任を持った自主的なリーダーシップを発揮することが求められる。また、個々のリーダーやグループが管理者の判断を待たずに独自に意思決定できる権限を持っていなければならない。したがって、状況に応じて柔軟に権限移譲できる仕組みを作っておかなければならない。

　現代の組織は、1つの作業や1つの部署が他の多数の作業や他の多数の部署と緊密に結びついていることが多く、通常の作業手順はこれらの連携がうまく行くように作られている。

　したがって、通常の作業手順を離れて、創造的に新たな手順を作り出す際にも、またチーミングとして各グループが共通の目標に向かって独自に意思決定し行動する際にも、他の多くの作業や部署との連携を考慮する必要がある。

　もちろん、すべての連携を把握し、それらに対する複雑な影響を考慮することは不可能であるが、ある程度大局的な状況認識を持っていないと、別の想定外の問題を次々と引き起こしてしまう。これに関連し、何らかの対応を取った

場合の効率への影響やその他の危険の可能性についても認識できる必要がある。

　極端な効率の低下は組織活動を著しく低下させ組織の崩壊を引き起こす可能性もある。したがって危険（安全）と効率のバランス問題は、当該の危険と別の危険（組織崩壊などの危険）とのバランス問題にもなり得る。

　さらには、新たな対応によって当該の危険は回避できたとしても、そのために別の危険が当該作業や当該部署、または別の作業や別の部署で生じることも考えられる。大局的な状況認識の中にはこのような危険と危険のバランス感覚（リスクバランス感覚、リスクセンス）も含まれる[26]。

　また、現状の認識には、当該の作業範囲に限定された局所的な認識ではなく、関係する作業や関係部署、組織全体やときにはある程度世の中の状況を捉えた大局的な認識が必要になる。

(3)　創造的対応力を高めるためのコミュニケーション（アサーションと心理的安全）

　ジレンマ状況において誰もがリーダーシップをとれるようになるためにも、共通の目標に向けてそれぞれが責任を持った創造的な対応をし、協働したチーム行動（チーミング）を採れるようになるためにも、個人や小グループが情報を共有し、行動を調整する必要がある。

　これを実現するために「①率直に意見をいう」ことができなければならない。そして、「率直に意見をいう」ためには、「いう」スキルや態度だけでなく、「聞く」（傾聴）スキルと態度、周りの評価を気にせずに躊躇せずに率直に意見をいえる雰囲気（心理的安全）が求められる。

　「率直に意見をいう」ためのスキルや態度として、アサーティブネス（assertiveness）またはアサーション（assertion）スキル（本書では以下「アサーティブネス」という）が提案されている。

　アサーティブネスは、自分も他人も尊重した自己主張である[27]。他人だけではなく自分も尊重するところが大切である。他人は尊重するが自分を卑下してしまえば、言いたいことや言うべきことが言えなくなってしまい（non-assertive）、逆に自分は尊重するが他人を尊重しないと自分の意見ばかり押し

付ける攻撃的な自己主張になってしまう。

　アサーティブネス・スキルには、現状の描写(Description)、自分の気持ちの表現や相手の気持ちの共感(Express)、具体的な行動の提案(Specify)、その結果の説明(Consequence)の順で自己主張を行う DESC スクリプト(DESC script)などがある [28]。

【DESC スクリプト(自己主張の順)】

① 　現状の描写(Description)

② 　自分の気持ちの表現、相手の気持ちの共感(Express)

③ 　具体的な行動の提案(Specify)

④ 　結果の説明(Consequence)

　自己主張できるようになっても誰もその主張を聞かないようであればコミュニケーションは成り立たない。したがって、聞くことができることも重要である。傾聴のスキルや態度に関しては、頷きが相手の話をたくさん引き出すうえで有効であり [29]、相手の言ったことを繰り返して言うこと(paraphrasing)が会話の満足度を高めたりすることが知られている [30]。

　また、航空産業では、主張や傾聴を含めたコミュニケーションスキルをクルー(またはコックピット)・リソース・マネージメント(CRM)訓練の中で行っている [31]。CRM 訓練は、乗員(クルー)を含めた資源をうまく活用できるようにするための訓練であり、シミュレーターやロールプレイを用いてコミュニケーションやリーダーシップ、チームワーク、意思決定の訓練がなされている。

　このような CRM 訓練は現在では航空産業に限らず、鉄道や海運などの運輸産業から原子力や化学プラント、医療場面でも広く用いられている。

　「率直に意見をいう」ためにはスキルだけではなく、誰でも自分の思ったことを批判されたり中傷されたりする恐れを抱かずにいえる状況が求められる。このような状況を心理的安全(psychological safety)という [22]。心理的安全が担保され、率直に意見を言うことができる職場では創造性が高まり、革新的な

アイデアが提案されたり、革新的な行為がとられやすかったりする[32][33]。

　心理的安全はリーダーによって形作られるものである。心理的安全を高めるリーダーの行動には以下のようなものがある[22]。

【心理的安全を高めるリーダーの行動】

① 直接話のできる親しみやすい人になる。

② 知らないことやわからないことを認める。

③ 自分も間違うことを積極的に示す。

④ 参加を促す（意見を求める）。

⑤ 失敗は学習する機会であることを強調する。

⑥ 具体的な言葉を使う。

⑦ 望ましいことと望ましくないことの境界を設ける。

⑧ 境界を超えた場合はメンバーに責任を負わせる。

　個人や組織が創造的対応を十分に発揮するためには、リーダーシップやチームワークが求められ、創造的対応のためのリーダーシップやチームワークには心理的安全が前提となる。そして、心理的安全を形作るためにリーダーは上述の具体的な行動をとらなければならない。

2.2　創造的安全の注意事項

　これまで従来の安全の考え方である管理的安全に対する創造的安全という考え方について述べてきた。しかし、創造的安全は管理的安全に代わるものではない。手順を想定しそれを遵守することを完全に止めてしまうことなどできない。一切の決められた手順を止め、ベテランであろうが新人であろうが、日々行っている作業だろうが初めてやる作業であろうが、誰でもどんな作業でも一からやり方を創造しながら行えば失敗だらけ、事故だらけになる。

　したがって手順を整備し管理、遵守するという管理的安全の考え方により目指す安全は今後も引き続き行われなければならない。

　しかし、管理的安全には完璧性と効率性の問題があり、これだけを目指していたのでは安全はなし得ないことは明らかである。したがって、管理的安全の不得意なところを補うために、創造的安全も同時に考えていく必要がある。

　すなわち、創造的安全は管理的安全の代替物ではなく管理的安全と創造的安全がそれぞれの得意な部分と不得意な部分を補い合うようにして安全を目指していくというのが今後の安全のスタイルとして望ましい。

　これまでも現場では、日常の作業の明確に決められていない細部の手順や小さな想定外の事象に対して、作業者が創造的に対応することで仕事を進めてきた。また、想定された手順（WAI）では効率が悪すぎるために、想定された手順（WAI）とは異なる状況に合わせた手順（実際に行われる手順 WAD）が創造的に採られることが多く見られた。

　すなわち、これまでも最前線の現場では管理的安全と創造的安全が相補うことによって仕事が成り立っていたのである。

　しかし、多くの管理者はこのような状況を把握できていないか、重視していなかった。そのため、管理者は事故が起こると管理的安全の思想のみが重視され、想定外の事象の存在を無視したマニュアル主義的対策や効率を度外視した非効率な手順を追加した。また、作業者側でも小さな想定外の事象に対して場当たり的に手順を当てはめ、効率的要求に対して安全を無視した安易な効率主義的手順や改善を進めてきた。どちらか一方ではなく、管理的安全と創造的安全の両者をバランスよく組み合わせた安全の考え方が求められている。

　これまでは、管理的安全に意識が向きすぎていたため、本書では創造的安全の重要さを説明してきたが、創造的安全を目指せば事故がまったくなくなるというものではない。創造的安全も完璧でなく、むしろ創造的安全をとることにより事故が増えるという側面もある。

　創造的安全の考え方に従い、作業者の創造的対応力を伸ばすためには、普段から創造的対応を作業者に求めるような体制になっていなければならない。創造力は簡単に身に付くものではなく、日々の創造的対応の繰り返しにより育成されるものだからである。

　創造力を身に付けるためには、日々の作業が完璧に近い手順書に従っている

だけではダメである。ある程度の手順書は準備しながらも作業の多くの部分は作業者自身が日々工夫しながら進めていく必要がある。

　手順書に従った作業であれば誰がやってもある程度同等レベルの作業結果を期待できるのに対し、個々に創造的に対応させると上手い作業者と下手な作業者の違いが作業に現れるようになる。作業者の失敗や事故の可能性も増えるだろう。

　しかし、日々の失敗を許し、失敗から学べなければ、いつまでたっても創造的対応力は身に付かない。創造的安全の割合を高めるには、管理者側も日々の事故の増加を許容できなければならない。

　「日々の事故の増加などとても許容できるものでない」「創造的安全などは不可能でやはり従来どおり管理的安全で行くしかない」と思うかもしれない。しかし、管理的安全のみを目指す方向では安全を実現できないのはこれまで述べたとおりである。

　いずれにせよ事故がまったくなくなることはないかもしれない。

　これまでのように管理的安全を目指し、頑健そうだが柔軟性に欠け、想定外の事象や効率的要求の問題に目をつぶって作業者へのしわ寄せを容認する。あるいは、管理的安全に加えて創造的安全の考え方を組み込み、日々失敗を重ねながら想定外の事象や効率的要求への創造的対応力を作業者に育成していくか、犠牲を伴う決断が求められる。

第 2 章の参考文献

［1］　E. Hollnagel, D.D. Woods, and N. Leveson: *Concepts and precepts*, CRC Press, 2006.（Erik Hollnagel, Nancy Leveson, David D. Woods 著、北村正晴 監訳：『レジリエンスエンジニアリング：概念と指針』、日科技連出版社、2012 年）

［2］　D.D. Woods: "Essential characteristics of resilience", E. Hollnagel, D.W. David, and N. Leveson（Eds.）, *Resilience engineering*: *Concepts and precepts*, CRC Press, pp. 21-34, 2006.（Erik Hollnagel, Nancy Leveson, David D. Woods 著、北村正晴 監訳：「レジリエンスの本質的特性」、『レジリエンスエンジニアリング：概念と指針』、日科技連出版社、pp. 21-35、2012 年）

［3］　石井正：『東日本大震災石巻災害医療の全記録：「最大被災地」を医療崩壊か

ら救った医師の 7 ヵ月』、講談社、2012 年。

[4]　A.S. Luchins: "Mechanization in problem solving — the effect of Einstellung", *Psychological Monographs*, 54, (6), 1942.

[5]　K. Duncker: "On problem-solving". *Psychological Monographs*, 58, (5) p. ix, 113, 1945.

[6]　S. Glucksberg: "The influence of strength of drive on functional fixedness and perceptual recognition", *Journal of Experimental Psychology*, 63, (1), pp. 36-41, 1962.

[7]　広瀬弘忠：『生存のための災害学：自然・人間・文明』、新曜社、1984 年。

[8]　H. Omer and N. Alon: "The continuity principle: A unified approach to disaster and trauma", *American Journal of Community Psychology*, 22, (2), pp. 273-287, 1994.

[9]　B. Latane and J.M. Darley: "Group inhibition of bystander intervention in emergencies", *Journal of Personality and Social Psychology*, 10, (3), pp. 215-221, 1968.

[10]　B. Latane and J.M. Darley: *The unresponsive bystander: Why doesnt he help?*, Appleton-Crofts, 1970. (ビブ ラタネ、ジョン・M. ダーリー 著、竹村研一、杉崎和子 訳：『冷淡な傍観者：思いやりの社会心理学』、ブレーン出版、1997 年)

[11]　広瀬弘忠：『人はなぜ逃げおくれるのか―災害の心理学』、集英社、2004 年。

[12]　R. Flin, L. Martin, K.-M. Goeters, H.-J.g. H・mann, R. Amalberti, C. Valot, and H. Nijhuis: "Development of the NOTECHS (non-technical skills) system for assessing pilots CRM skills", *Human Factors and Aerospace Safety*, 3, (2), pp. 97-119, 2003.

[13]　R. Flin, P. OConnor, and M. Crichton: *Safety at the sharp end: A guide to non-technical skills*, Ashgate, 2008.

[14]　大阪商工会議所 編：『メンタルヘルス・マネジメント検定試験公式テキスト I 種マスターコース第 4 版』、中央経済社、2017 年。

[15]　大阪商工会議所 編：『メンタルヘルス・マネジメント検定試験公式テキスト II 種ラインケアコース第 4 版』、中央経済社、2017 年。

[16]　大阪商工会議所 編：『メンタルヘルス・マネジメント検定試験公式テキスト III 種セルフケアコース第 4 版』、中央経済社、2017 年。

[17]　重森雅嘉、大嶋玲未、芳賀繁：「最前線作業現場の自主的安全リーダー：高速道路メンテナンスにおける SAFETY-II」、『産業・組織心理学会第 32 回大会発

表論文集』、pp. 197-200、2016 年。

[18] J. Adair: *Action-centred leadership*, McGraw-Hill, 1973.

[19] S.W.A. Dekker: "Resilience engineering: Chronicling the emergence of confused consensus", E. Hollnagel, D.W. David, and N. Leveson（Eds.）, *Resilience engineering: Concepts and precepts*, CRC Press, pp. 77-92, 2006.（Erik Hollnagel、Nancy Leveson、David D. Woods 著、北村正晴 監訳：「レジリエンスエンジニアリング—未統一コンセンサスの発展記録」、『レジリエンスエンジニアリング：概念と指針』、日科技連出版社、pp. 77-95、2012 年）

[20] 矢守克也、吉川肇子、網代剛：『防災ゲームで学ぶリスク・コミュニケーション—クロスロードへの招待—』、ナカニシヤ出版、2005 年。

[21] 吉川肇子、杉浦淳吉、矢守克也：『クロスロード・ネクスト―続：ゲームで学ぶリスク・コミュニケーション』、ナカニシヤ出版、2009 年。

[22] A.C. Edmondson: *Teaming: How organizations learn, innovate, and compete in the knowledge economy*, John Wiley & Sons, 2012.（エイミー・C・エドモンドソン 著、野津智子 訳：『チームが機能するとはどういうことか—「学習力」と「実行力」を高める実践アプローチ』、英治出版、2014 年）

[23] 北居明、松田良子：「日本企業における理念浸透活動とその効果」、加護野忠男、坂下昭宣、井上達彦 編：『日本企業の戦略インフラの変貌』、白桃書房、pp. 93-121、2004 年。

[24] 清水馨：「企業変革に果たす経営理念の役割」、『三田商学研究』、39、pp.87-101、1996 年。

[25] 廣川佳子、芳賀繁：「国内における経営理念研究の動向」、『立教大学心理学研究』、pp. 73-86、2015 年。

[26] J.F. Ross: *The polar bear strategy: Reflections on risk in modern life*. Perseus Books、1999.（ジョン・F・ロス著、佐光紀子 訳：『リスクセンス—身の回りの危険にどう対処するか』、集英社、2001 年）

[27] 平木典子：『改訂版アサーション・トレーニング—さわやかな〈自己表現〉のために—』、日本・精神技術研究所、2009 年。

[28] S.A. Bower and G.H. Bower: *Asserting yourself: A practical guide for positive change*, Addison-Wesley, 1976.

[29] J.D. Matarazzo, G. Saslow, A.N. Wiens, M. Weitman, and B.V. Allen: "Interviewer head nodding and interviewee speech durations", *Psychotherapy: Theory, Research & Practice*, 1,(2), pp. 54-63, 1964.

［30］　H. Weger, G.R. Castle, and M.C. Emmett: "Active listening in peer interviews: The influence of message paraphrasing on perceptions of listening skill", *International Journal of Listening*, 24, pp. 34-49, 2010.

［31］　International Civil Aviation Organization: "Human factor digest No.2, Flight crew training: Cockpit resource management（CRM）and line-oriented flight training（LOFT）", ICAO circular, *Human Factors Digest No.2*, International Civil Aviation Organization: Montreal, 1989.

［32］　N. Anderson and M. West: "The Team Climate Inventory: Development of the TCI and Its Applications in Teambuilding for Innovativeness", *European Journal of Work and Organizational Psychology*, 5, pp. 53-66, 1996.

［33］　A. Edmondson, R. Bohmer, and G. Pisano: "Disrupted Routines: Team Learning and New Technology Implementation in Hospitals", *Administrative Science Quarterly*, 46, pp. 685-716, 2001.

ヒューマンエラーの
メカニズムを考える

　ヒューマンエラー防止を考えるうえで、創造的安全の重要性を述べてきた。これまでの管理的安全を補うために創造的安全に重点を置き、バランスよく柔軟に安全を築いていこうというものである。この創造的安全を目指すためには、個々の作業者の創造的対応力を伸ばすとともに、創造的対応力を発揮できる職場づくりを行っていかなければならない。

　ヒューマンエラー防止を創造的に考えるには、人がなぜ失敗するのか、ヒューマンエラーのメカニズムに関する知識が助けとなる。

　ただし、管理的安全に偏って安全を目指していたときのように、ヒューマンエラーのメカニズムを頼りにヒューマンエラーを防ぐ手順や具体的な対策を立てるだけでは不十分である。それだけでは管理的安全に偏ってしまう。

　ヒューマンエラーの基本的なメカニズムを知ることにより、作業の中に潜む危険や想定外事象、効率的要求の可能性に気づき、創造的対応を考えるきっかけを学ぶつもりであってほしい。

　以下に、ヒューマンエラーの認知科学的なメカニズムを紹介する。

3.1　ヒューマンエラーとは何か

　これからヒューマンエラーのメカニズムを考えるのだが、その前に、そもそもヒューマンエラーとは何だろうか。

　「そんな根本的なことから考えなくても、ヒューマンエラーはヒューマンエラーで話を進めれば問題ない」とあなたは思うかもしれない。しかし、ヒューマンエラーという言葉は意外と広く曖昧な概念である。想定しているヒューマンエラーが人により異なっていることにより、話が食い違うことがときどきあ

る。このため、ヒューマンエラーのメカニズムの話をする前に、ここで扱う
ヒューマンエラーをざっと整理しておきたい。

　例えば、次の例の中で、どれがヒューマンエラーで、どれがヒューマンエ
ラーではないだろうか。

【ヒューマンエラーはどれか？】
①　赤信号に気づかずに交差点に進入してしまった。
②　赤信号だと知っていたが面倒だったので交差点に進入した。
③　信号の「赤」「青」の意味を知らなかったため、赤信号の交差点に進
　　入した。
④　年収数千万の金持ちになれなかった。

　筆者がこの本で扱うヒューマンエラーは、①だけである。あなたはどうだろ
うか。あなたも、筆者と同じで①のみをヒューマンエラーとしてイメージして
いたのならば特に定義の話は必要ないかもしれない。しかし、④の「人生の失
敗」のようなもののメカニズムを知りたいと思って、本書を読み進めていたの
であれば、もっと早くに説明しておくべきだったかもしれない。この本では④
の失敗は扱わない。

---

①　赤信号に気づかずに交差点に進入してしまった。
②　赤信号だと知っていたが面倒だったので交差点に進入した。

　上記①、②は、赤信号の交差点に進入したことは同じであるが、前者（①）は
赤信号の交差点に進入するつもり（意図）がなかったのに進入してしまったもの
であり、後者（②）は進入するつもりで（意図的に）進入したものである。

　①はうっかりミス（アクションスリップ）とも呼ばれるものであり、②は違反
と呼ばれるものである。どれを、ヒューマンエラーとして扱うかは、立場や考
え方によって異なる。

　工学関係の研究者は、「赤信号の交差点には進入しない」という道路交通シ

ステムの許容範囲から逸脱した現象として①も②もヒューマンエラーとして扱うことが多い。これに対して、心理学関係の研究者は、どうするつもりであったか（意図）からの逸脱かどうかを重視するため、前者（①）のみをヒューマンエラーとして扱うことが多い。

　もちろん、「②赤信号だと知っていたが面倒だったので交差点に進入した」のような違反がなぜ生じるのかという問題も興味深い問題であり、心理学研究の対象外ではない。しかし、意図があるかどうかは心理学的には重要な問題であるため、これらを同じ現象の枠組みでは捉えず、分けて扱う。筆者も心理学をベースにした研究者なので、本書では①を例とするようなうっかりミス（アクションスリップ）のみをヒューマンエラーと考える。

　「③信号の「赤」「青」の意味を知らなかったため、赤信号の交差点に進入した」は、知識やスキルの欠如によるものである（この場合はスキルではなく知識の欠如である）。これも重要な問題であるが、知らなかったり、身に付いていなかったりすることは、そもそもできるはずがない。できるはずがないものができなかった現象とできるはずのものがうっかりできなかった現象とはメカニズムが異なる。

　どのくらい知っていたか、身に付いていたか、すなわちどの程度「できるはずのものか」は曖昧なところはある。ようやく立てるようになった幼児が歩こうとして転んだからといって「ヒューマンエラーだ」とは言わない。ここでは本来はある程度身に付いていてできるはずのものができなかったもののみをヒューマンエラーと考える。このため、本書では知識不足やスキル不足の失敗については十分な情報を提供できないことをお断りしておく。

　「④金持ちになれなかった」失敗は本書で扱うには少し毛色が違う問題のような印象を与えたかもしれない。筆者もそう思う。しかし、1990年代にヒューマンエラーの研究で世界をリードしていた認知心理学者のリーズン（Reason）は、このようなものも知識ベースのミステイクとしてヒューマンエラーの1つとして扱っていたため[1]、一応ここでも簡単に触れておきたい。

　「金持ちなれなかった」に限らず、市の運営、経済政策、恋愛問題などうまくいかないことは世の中にはたくさんある。これらも失敗とはいうが、本書で

はこのようなものはヒューマンエラーの範囲には考えない。信号の例との大き
な違いは、「信号の例の場合は交差点を失敗せずに、すなわち赤信号のときは
進入せず青信号のとき進入するにはどうしたらよいか」を私たちは知っている
が、「確実に金持ちになる方法」を私たちは知らない。

　確実に金持ちになる方法など誰も知らない。

　ヒューマンエラーは、どうしたら成功するかを基本的には知っているのに成
功できなかった場合であり、成功するにはどうしたらいいか誰も知らない場合
に、試行錯誤で成功を目指す場合の失敗はヒューマンエラーとは本書では考え
ない。

　ただし、安全を考えるうえでは、想定外に対しても柔軟にうまく対応するこ
とにより悪い結果を引き起こさないことが大切である。したがって、うまく行
うレジリエントな対応や創造的な安全対応が求められている。

　結果をうまく終わらせるためにどうしたらいいかわからない場面では創造的
な対応が求められるのである。「想定外に対しての柔軟な対応」ができるかど
うかは知識ベースのミステイクに関する課題の1つといえる。

　いずれにしても、「想定外に対しての柔軟な対応」のような知識ベースの課
題は、身に付いたスキルの当てはめの失敗や欠落であるスキルベースのスリッ
プ（うっかりミス）やラプス（し忘れ）、どうすべきかのルールの当てはめの失敗
であるルールベースのミステイク（判断ミス）とは大きくメカニズムが異なるも
のである。そのため、ヒューマンエラーとは別の文脈で考えたほうが理解しや
すい[注3]。

　まとめると、失敗せずに行為や判断を終える（成功する）方法を知っていて、
大抵はできるはずなのに、かつ失敗せずに行為や判断を終えようと思って（意
図して）やったのに、意図とは違った行為や判断になってしまったものを本書
ではヒューマンエラーという。このように長々と述べてきたが、要するに本書
で扱うヒューマンエラーはうっかりミスに限るわけである。

3.2 ヒューマンエラーを起こしやすい状況

　さて、それではヒューマンエラーがなぜ起こるかについて考えよう。ヒューマンエラー、特にうっかりミスはそもそもどういうときに起こりやすいのだろうか。

　あなたがヒューマンエラーなど滅多にしないということであれば、思い起こすのに苦労するかもしれないが、筆者などは1日を振り返るだけでもたくさんのヒューマンエラーを引き起こしているので、山ほど出てくる。大学院を出て安全関係の研究所に入ったときに、ヒューマンエラーの研究をしようと、手始めに自分のヒューマンエラーを日誌につけてみたことがある。しかし、すぐにやめてしまった。ヒューマンエラーが多すぎて、エラーするたびに記録していたのでは仕事にならなかったからである。筆者がヒューマンエラーの研究者として、同業の方に張り合えるものがあるとしたら自分の起こすヒューマンエラーの数くらいかもしれない。

　さて、そんな筆者が数あるヒューマンエラーを整理し、ヒューマンエラーを起こしやすい状況をまとめた（表3.1）。これは実は事例を整理しただけではなく、後述するメカニズムにもとづいて整理したものである。したがって、筆者限定のヒューマンエラー多発状況ではなく、多くの人に当てはまるものといえる。それでは、人はなぜこのような状況に置かれるとエラーしやすいのだろう

表3.1　ヒューマンエラーを起こしやすい状況

①	いつもと違うことをするとき
②	難しいことをするとき
③	同じような場面で直前に違うことをした後
④	紛らわしいものを扱うとき
⑤	後で〜するとき
⑥	急いでいるとき
⑦	忙しいとき
⑧	緊張しているとき
⑨	注意を向け続けなければならないとき

か。続いてヒューマンエラーの発生メカニズムを紹介する。

3.3　人の行為や判断のメカニズム

　ヒューマンエラーの発生メカニズムを知るためには、その元となる人の行為や判断のメカニズムを知る必要がある。

　私たちは、ヒューマンエラーを起こすための特別なメカニズムを進化の中で育んできたわけではない。ヒューマンエラーは、大抵はうまく機能している人の行為や判断のメカニズムにより生じている。だから、防ぐことが難しいともいえる。

　人がある場面で何らかの行為や判断ができるのは、その場面でやるべき行為や判断に関連した知識やスキル、もしくはプログラムのようなものを脳内に記憶として持っており、それらを取り出して用いているからである。

　これでは、人がメモリに記憶されたプログラムを実行することにより動いたり決断したりするロボットと変わらないように聞こえるかもしれない。もちろん、ロボットのメカニズムと人のメカニズムには異なる部分も多く、人の行為や判断はロボットよりも複雑で、まだよくわかっていない部分も多い。しかし、ヒューマンエラーのメカニズムをざっくり理解するためには、人の行為や判断のメカニズムについて、基本的な部分はロボットと変わらない程度に簡略化して考えたほうがわかりやい。

3.3.1　自動処理

　人が、この記憶されているプログラムを取り出すやり方は2通りある。

　1つは、ある場面とその場面でやるべき行為や判断が強く結びついており、その場面に置かれれば、意識しなくても自動的に取り出される記憶の取り出し処理である。これは自動的に取り出される処理ということで、自動処理と呼ばれる（図 3.1）[2]。

　自動処理は、その場面に含まれるさまざまな情報を手がかりとして、記憶されているプログラムが無意識に、自動的に取り出されるものである。手がかり

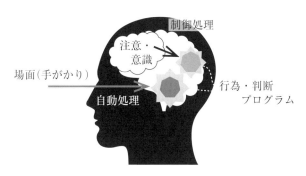

図3.1　行為や判断のメカニズム

と記憶されたプログラムの結びつきの強さは、その手がかりで取り出される記憶されたプログラムの数と基本的には経験回数(取り出したことのある回数)で決まる。

　つまり、その場面(手がかり)で唯一何度も取り出されているプログラムは、自動処理になっている。歩くことや歯を磨くこと、食べることなど、私たちが場面ごとに日々繰り返している行為のほとんどは自動処理で行われている。このため、私たちは、例えば今日どの歯から磨いたかと急に聞かれても思い出すことができないことがある。それは歯磨きが自動処理であり、ほとんど意識されずに自動的に処理されているからである。

　このようにその場面で普段よく行うことは意識せずに自動的に行える。これは非常に効率がいい。いちいち歯磨き場面におかれるたびに、次はどの歯をどのくらいの強さで、どんな風に磨いて、ということを意識しながらやらなければならないとしたら私たちは毎朝出掛ける前に大きな面倒を抱えてしまうことになる。

3.3.2　制御処理

　もう1つは、その場面と取り出されるべきプログラムの結びつきが弱く、その場面に置かれても自動的には取り出されない場合の記憶の取り出し方である。この場合、人は取り出すべきプログラムに注意を向け、次に何をやるべきかを意識しながら取り出す。これは、注意や意識でコントロール(制御)しなが

ら取り出す記憶処理ということで制御処理と呼ばれる（図 3.1）[2]。

　制御処理は、その場面（手がかり）と記憶されたプログラムの結びつきが弱いために、その場面に置かれても自動的に取り出されないプログラムを、注意や意識を向けて取り出すものである。

　もし、自動処理だけで生活をしなければならないとすると、私たちは習慣化したことしかできなくなってしまう。自動処理だけでは、生活にいつもと少し違うバリエーションを持たせたり、少し複雑なことをやりたいと思ったりしても容易にはいかない。まず、新しいバリエーションや複雑な処理が自動化されるまで練習した後でなければ、うまく実行することができなくなってしまう。

　また実行される処理は、ただ繰り返し練習するだけでは自動化されない。その処理を行う場面ではその処理以外は基本的には実行しないというように、場面にできるだけ単一の行為プログラムが結びつけられるようにしなければならない。そもそも、ある場面にさまざまなバリエーションの自動処理を対応させることは基本的にはできないのである。

　ところが、制御処理があるために、人は自動処理になるほど身に付いていないことでも、注意や意識を向けて取り出せるのである。このために、私たちは日常生活のさまざまなことに臨機応変に柔軟にさまざまなバリエーションを持って対応することができる。

　記憶からプログラムを取り出すやり方には、このように自動処理と制御処理の 2 通りがある。そのおかげで、私たちは効率よく、かつ柔軟に日々の生活を送ることができる。その意味では、この 2 通りの処理を使い分ける人の脳の情報処理システムは非常に優れたものといえる。

　しかし、一方でこの 2 通りの処理の使い分けがヒューマンエラーのメカニズムの大きな要素なのである。次に、ヒューマンエラーのメカニズムを紹介する。

3.4　ヒューマンエラーのメカニズム

3.4.1　記憶の問題

　ヒューマンエラーは、基本的に 2 つの要素が合わさったときに発生する。

1つは、記憶の問題である。

やるべきことがまだしっかりと身についておらず制御処理で記憶からプログラムを取り出さなければならないときに、その場面で求められていない別のプログラムが自動処理で取り出されることにより、誤った行為や判断が生じる。

また、同様の状況で、誤った行為や判断が生じなくても、やるべきプログラムが取り出されずに、やるべきことが生じないこともある。これらは両方とも、やるべきプログラムが記憶から取り出されなかったり、誤ったプログラムが記憶から取り出されたりする、記憶の問題である。

3.4.2　注意の問題

もう1つの要素は注意の問題である。

やるべきことが制御処理により記憶から取り出さなければならないプログラムであったとしても、制御処理でうまく取り出しさえすればヒューマンエラーは起こらないはずである。

制御処理は、プログラムに注意を向けることにより取り出すものなので、注意さえ十分に向けておけばうまく取り出すことができる。そして、私たちは、普段、大抵は制御処理でうまくプログラムを取り出すことができる。日々のバリエーションに柔軟に対応できるのも、十分に身に付いていない複雑なことができるのはこのためである。

しかし、制御処理は大抵うまくいくものであるが、残念ながら必ずうまくい

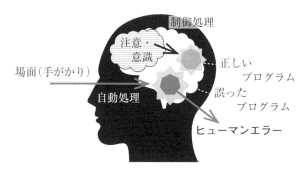

図3.2　ヒューマンエラーのメカニズム

くものではない。まれに、いや筆者の場合は割と頻繁に、注意を制御処理に十分に向けることができずに制御処理をうまく働かせられない場合がある。

制御処理がうまく働かないと、前述のように記憶の問題が生じ、必要なプログラムが取り出されないことや、誤ったプログラムが自動処理で取り出されることにより、ヒューマンエラーが生じる（図3.2、p.43）。

すなわち、記憶の問題に加えて、注意の問題によりヒューマンエラーは生じるのである。

さて、ここで筆者が先ほどまとめたヒューマンエラーを起こしやすい状況（表3.1、p.39）を振り返ってみよう。これはヒューマンエラーのメカニズムに沿ってまとめたものである。メカニズムに照らして見直すと、ヒューマンエラーが発生しやすい状況の①〜⑤は記憶の問題、⑥〜⑨は注意の問題である。これらのヒューマンエラーのメカニズムにおける記憶と注意の問題について、次に具体的に説明する。

3.5　記憶の問題が引き起こすヒューマンエラー

3.5.1　いつもと違うことをするときはヒューマンエラーを起こしやすい

表3.1「ヒューマンエラーを起こしやすい状況」の①〜⑤で生じやすいヒューマンエラーについて考えよう。これらの状況でヒューマンエラーが生じやすいのは、ヒューマンエラーのメカニズムの2つの要素のうちの1つである記憶の問題による。

まず、「①いつもと違うことをするとき」に、ヒューマンエラーが生じやすいのは、その場面ではいつものプログラムを取り出すことが自動処理となっており、今回するべきことのプログラムの取り出しが制御処理だからである。

いつもと違うことをするときには、今求められていることを適切に実行するために、今求められている「いつもと違うプログラム」に注意を向け制御処理で取り出す必要がある。

しかし、当該の場面での「いつも」には、「いつもしていること」があり、当該の場面（手がかり）と「いつもしていることのプログラム」が強く結び付け

られて記憶されている。このため、いつもと違うことをするときには、制御処理で「いつもと違うプログラム」を記憶から取り出さなければならない。しかし、このような場面では、同時に自動処理で「いつもしていることのプログラム」が取り出されようとしているのである。

　例えば、筆者は現在静岡に住んでいるのだが、出張は東京方面が圧倒的に多い。したがって、新幹線で出張ということになると、静岡駅の新幹線改札を通り、東京方面のホームに上がるのが「いつも」である。しかし、たまには名古屋や大阪方面の仕事も入る。これは、筆者にとっては「いつもと違うこと」をしなければならない場面である。そこで、名古屋や大阪方面のホームに上がるには「いつもと違うプログラム」を制御処理で取り出さなければならないことになる。

　ところが、静岡駅で、さあ新幹線ホームに上がろうという場面になると、東京方面に上がるプログラムが、いつものプログラムとして自動処理で取り出されてしまっているのである。まだ、実際に新幹線を乗り間違えたことはないが、大阪方面の仕事の際に東京方面のホームに向かいかけたことは何度もある。

　あなたが、筆者の新幹線乗車のようないつもと違うことをする際のヒューマンエラーをイメージしにくければ、誰か近くにいる人を捕まえて後出し負けじゃんけんをやってみれば、いつもと違うことをする際のヒューマンエラーを簡単に体験することができる。後出し負けじゃんけんとは、「じゃんけんポンポン」の掛け声で、最初のポンのときに親が先に手を出し、2番目のポンのときに対戦者（子）が親の手に対して負ける手を出せれば対戦者（子）の勝ちというルールのじゃんけんである（図3.3）。

　後出し負けじゃんけんは、やってみるとかなり難しい。難しい理由は、私たちがいつもじゃんけんは勝ち手を出したいと思ってやっているため、勝ち手を出すプログラムが自動処理になっているからである。

　後出し負けじゃんけんは、じゃんけんという場面なのにいつもの勝ち手ではなく、いつもと違う負け手を求められる。注意を向けて制御処理でいつもと違う負け手を出すプログラムを取り出そうとしているのだが、いつもの勝ち手を出すプログラムが自動処理で脳内では先に取り出されてしまっているため、負

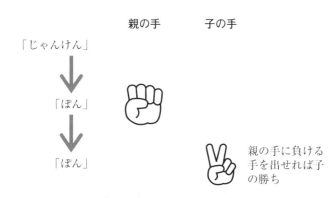

図 3.3　後出し負けじゃんけんの手順と勝敗

け手を出すことが非常に難しく感じるのである。

　自動処理は、多くの人が持っているシステムである。このシステムを使うと、まれにいつもと違うことをしなければならない場面では、ヒューマンエラーの危険にさらされてしまうが、「いつも」の大抵の場面ではこのシステムが効率的に働き、注意しなくても自動的に無意識に「いつも」のことができるわけである。もちろん、いつもと違うときでも注意を十分に向けて制御処理を働かせれば、いつもと違うことに柔軟に対応できる。

　しかし、「いつも」の自動処理は速く、その場面に非常に強く結びついているために、完全に無視することはできない。

　そのため、いつもと違う場面では多くの人はヒューマンエラーの危険にさらされているのである。

　また、3.6 節で述べるように制御処理を働かせるための注意にも私たちは問題を持っている。だから、確実に制御処理を成功させることもできないのである。効率よく働く「いつも」は優秀な人ほど、いつもと違う場面でヒューマンエラーの危機にさらされるのかもしれない。

3.5.2　同じパターンが続くときは、注意が向かなくなる

　当該の場面でいつもやっていることが自動処理化されるためには、当該の場面で一貫して同じパターンを何度も繰り返す必要がある。何度も繰り返すこと

が行為や判断を自動処理化し、ヒューマンエラーを作り出している。それは、次のような課題で体験することができる（図3.4）[3]。

課題は、図3.4の左側の数字をすべてできるだけ速く書き写すことである。結果を読む前にぜひやって見てほしい。

多くの人は7番目の数字を50％と書いてしまう結果になるはずである。書いてしまうというより、見間違いやすいのである。

7番目の数字をよく見ると50％ではなく5％であることがわかる。

この課題で5％を50％と見間違わせてしまう要素は3つである。1つ目は、できるだけ速く書き写させるということであり、これは注意の問題である。

2つ目は、％の丸が大きくて0と紛らわしいということである。これは記憶の手がかりの問題である。これについては3.5.9項で説明する。

ここで特に強調したいのは、3つ目の要素で、7番目以外の数字がすべて2桁ということである。ターゲットである7番目の「5％」の前にあるのは、たった6つの数字であるが、それらがすべて2桁であるため、6回の繰り返しで脳は2桁数字処理を自動処理化し、ターゲットも含めてすべて2桁として認識しようとするのである。

脳はとても効率的に働きたがるものであり、悪くいえば、少しでも手を抜き

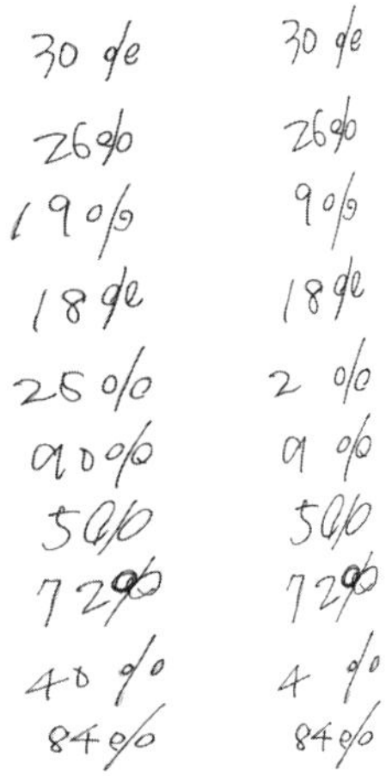

図3.4 数字の書き写し課題 [3]

たいものなのである。ちなみに、繰り返しは同じ2桁パターンが一貫している必要がある。ある程度同じパターンが繰り返されたとしても、あるときは2桁であったり、あるときは1桁であったりと一貫性がない場合（図3.4の右側の数字の列）には、自動処理化されずこの課題での間違いは生じにくい[3]。

3.5.3　ヒューマンエラーのメカニズムは共通

　見間違いに限らず、私たちはある場面で同じパターンを一貫して繰り返し経験することにより、関連のプログラムを自動処理するようになる。したがって、見間違いに限らず、思い違いでも、書き間違いでもヒューマンエラーはほぼ同じメカニズムで生じる[4]。

　試しに次のパズルを解いてみよう（表3.2）。用意された3つの水瓶を使って、目的の水の量を正確に量るというパズルである。ちなみに、答えがいくつか考えられる場合は使う水瓶の回数が一番少ないもののみが正解となる。

　1番から順に解いていくと、3番あたりである程度の法則が見つかるはずである。そして、勘のいい読者なら6番あたりに落とし穴があるのではないかと思うかもしれない。これはルーチンスという心理学者が論文で紹介したものを簡便にしたものであり、実際の実験はもう少し複雑である[5]。

　順に解いていくと1～5番はすべて同じ答えで解けるということに気づくはずである。答えは、まず一番大きいBの水瓶で水を汲み、そこからAの水瓶で1回、Cの水瓶で2回水を汲み出すというものである。答えを少し数学的に

表3.2　ルーチンスの水瓶問題

問	3つの水瓶			求める水の量
	A	B	C	
1	21 ℓ	127 ℓ	3 ℓ	100 ℓ
2	14 ℓ	163 ℓ	25 ℓ	99 ℓ
3	18 ℓ	43 ℓ	10 ℓ	5 ℓ
4	9 ℓ	42 ℓ	6 ℓ	21 ℓ
5	20 ℓ	59 ℓ	4 ℓ	31 ℓ
6	28 ℓ	76 ℓ	3 ℓ	25 ℓ

記述するならば、B － A － 2C となる。1 ～ 5 番はすべて B － A － 2C が正解になる。

　しかし、6 番だけはこの B － A － 2C では解けないようになっている。まぁ、おそらくそんなことだろうと予想されていたかと思うが、それでも 6 番はなかなか手強い。ところが、これは 1 番から 5 番を経験せずに 6 番だけを解いてみるとあっという間にできてしまう。6 番の答えは A － C、すなわち A の水瓶で汲んだ水を C の水瓶で 1 回汲み出すだけで求める水の量である 25 ℓ が量れるのである。

　1 ～ 5 番の問題よりも簡単な 6 番の問題でつまずいてしまうのは、1 ～ 5 番で同じパターンの解答を一貫して繰り返し経験したためである。1 ～ 5 番の問題を経験することにより、私たちの脳は B － A － 2C、もう少し広く考えるならば 3 つの水瓶を使うパターンが自動処理化されるようになる。こうなると、違うとわかっていても脳内ではこのパターンが自動処理で取り出されてしまう。このため、他の答えを制御処理で取り出そうとしても邪魔されてしまうのである。

　このように、問題を解いたり、ものを考えたりする際にも思い違いや固執などのヒューマンエラーが生じるのは、一貫して同じパターンの繰り返し経験が自動処理されているためなのである。

　これは、書き間違いや言い間違いなどの行為のヒューマンエラーでも同じである。引越し後すぐに引越し先の住所を書こうとすると、住所を書く場面でこれまで一貫して繰り返してきた旧住所を思わず書いてしまうことがよくある。引越し経験のない方でも、年明けの 1 月は新しい年のかわりに、前の年を書いてしまうことがないだろうか。いろいろなヒューマンエラーが同じメカニズムで生じているはずなので、ヒューマンエラーに遭遇するたびに同じメカニズムが当てはまるか考えてみるとおもしろい。

　さて、日常生活だけでなく、仕事の中でも、同じパターンが繰り返されるものはないだろうか。同じパターンが繰り返されるときはそのパターンが自動処理化され、やるべきパターンを邪魔してヒューマンエラーを引き起こそうとしている。したがって、ヒューマンエラーを起こさないためには同じパターンが

繰り返されるときは要注意である。

　もちろん、絶対に同じパターンしか出てこない仕事ならば、安心して効率よく自動処理で同じパターンのプログラムを取り出して仕事をすればいい。

　しかし、必ず同じパターンとは限らず、まれに違うパターンが出てくる可能性がある作業の場合は厄介である。そういうときには、しっかり注意を向けるように指導されていると思うが、いくら注意を向けようとしても脳は効率よく自動処理モードに入っているのである。

3.5.4　知らないうちに思い込んでしまっている

　見間違い、思い違い、書き間違いといくつかの繰り返し経験による自動処理の割り込みによるヒューマンエラーの例をあげてきたが、普段の仕事の中で、同じパターンが続いていることに気づけるときはまだ注意のしようがある。

　しかし、繰り返し経験に気づかずに無意識に、こうだと思い込んでいて、それに気づかないことも私たちの中にはたくさんある。

　例えば、次の文章を読んで、下の問題に答えてみよう。

【問題】

　野球場へ向かう途中、父と子の乗ったクルマが線路にはまってエンストしてしまった。遠くで列車の警笛が鳴る。父は気も狂わんばかりにしてエンジンをかけようとしたが、こういう恐慌状態ではキーを回すことすらできない。とうとうこのクルマは、突進してきた列車にはねられてしまった。救急車が現場に急行し、彼らを病院に運んだ。しかし、父は途中で息絶えた。

　息子はまだ生きていたが、危篤状態にあり、緊急手術が必要だった。息子は病院に着くやいなや、手術室に運び込まれた。場数を踏んだ外科医が、準備を終えて入ってきた。しかし、少年の顔を見るや真っ青になり、「手術は無理です。これは私の息子です……」とつぶやいた。

　問い：交通事故にあった子と外科医の関係は？（Hofstadter, 1982）[6] [7]

学生にこの問題を解かせると、「別れた前の奥さんとの間の……」というような ドロドロの人間関係を想定する者が続出する。あなたはどうだろうか。ド ロドロしてしまっているならば自動処理化したいつものプログラム（思い込み） が取り出されてしまっており、その「思い込み」から抜け出せなくなってし まっているのである。

答えはいたって普通であり、少しもドロドロしていない。答えは、「母親と 息子」である。答えを知ってしまえば、こんな単純なことに気がつかなかった ことが悔しいように感じるかもしれない。

しかし、これは普段、出会う医者の多くが男性であるため、そのような一貫 した繰り返し経験が医者という手がかりに対して、男性という知識を自動処理 で思い出させてしまうのである。

「医者といえば、男性」という思い込みを無意識の内に持つように、何かに 対して、無意識に偏った知識を当てはめてしまっていることをステレオタイプ （stereotype）という。ステレオタイプとは型にはまったものという意味である。

先にあげた繰り返し経験による思い込みの例により、仕事のうえで、同じパ ターンが繰り返されるようなものがあるならば、気をつけなければならないと 注意できるようになったかもしれない。しかし、このように日常生活の中で気 づかないうちに自動処理化され、思い込みやステレオタイプとなってしまって いるものがたくさんある。

いつの間にか無意識にできあがってしまっている思い込みやステレオタイプ に気づくのは相当難しい。難しいのであるが、少なくとも「自分には思い込み があるかもしれない」と知っているだけでも、気づける可能性は高まる。自分 は思い込みなど持っていないと思っているのが一番危ないのである。何かうま くいかないことが生じたときには、何か無意識の思い込みが自分を支配してい るのではないかと疑ってみることが必要である。

3.5.5　あることが思い浮かぶと、似たことは思い浮かばない

3.5.3項で紹介したルーチンスの水瓶問題（表3.2、p.48）でも、外科医のステ レオタイプでも、一度思い込んでしまうと、なかなか別の考えや知識を思い出

すことが難しくなる。これには2つ原因がある。

　1つは人の記憶の取り出しシステムが、あるものを手がかりにして関連のことを思い出すと、その手がかりに関連した別の事柄が思い出しにくくなるようにできているからである。

　このような現象は、検索誘導性忘却と呼ばれる[8]。記憶を脳の情報処理と捉えると「思い出す」ことは、検索することになる。つまり検索誘導性忘却とは、思い出すこと、すなわち検索することにより、別のことが思い出せなくなってしまう、すなわち忘却するという意味である。

　典型的な検索誘導性忘却の例は、知っているはずなのに思い出せないという、喉まで出かかった状態のときによく現れる。認知心理学では、この現象をそのまま「喉まで出かかる現象(Tip-Of-the-Tongue phenomenon：TOT)」と呼んで研究している。

　「喉まで出かかっているのに思い出せない」というとき、似たような別のものが思い浮かんでしまい、それが邪魔して正しいものが思い出せないということがよく起こっている。

　例えば、筆者はあるとき赤いジャージを着た人と青いジャージを着た人の2人組で、青い人のギターに合わせて「なんでだろ〜、なんでだろ〜」と奇妙なダンスをしながら歌う、芸人コンビの名前が、喉まででかかる状態になってしまった。喉まで出かかる状態はすっきりしないので、なんとか思い出そうとするのだが、このときは、「確か『トムと〜』という名前だったような」ということだけがふんわりと浮かぶだけであった。

　そうなると筆者の頭はすかさず「トムとジェリー」を思い浮かべてしまう。もちろん、青赤ジャージの「なんでだろう」のコンビが「トムとジェリー」でないのはすぐにわかる。わかるのだけれども、筆者の脳はもうひたすら「トムとジェリー」を繰り返すのである。

　このように一度思いつきやすいものが頭に浮かんでしまうと、類似の別のことがブロックされてしまい、思いつきにくくなるのが検索誘導性忘却である（図3.5）。

　この知っているはずのことを思い出すのを邪魔する間違った記憶を「醜い義

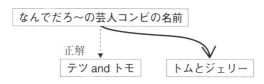

図3.5　喉まで出かかる現象を引き起こす検索誘導性忘却

姉妹(ugly stepsisters)」と呼ぶ研究者もいる[9]。これは、王子様が探すシンデレラを邪魔して自分たちをアピールする義姉妹たちである。ちなみに、思い出したかった「なんでだろ〜」のコンビ名はテツ and トモである。

3.5.6　間違っているかもしれないという情報は無視されやすい(確証バイアス)

　一度思い込んでしまうと、なかなか別の考えや知識を思い出すことが難しくなる原因の2つ目は、ある事柄について知ったり、思いついたりすると、人はそれが正しいという情報ばかりに目を向けてしまう傾向があることである。さらに悪いことには間違っているという情報を見ても無視してしまう。これは確証バイアスと呼ばれる人の判断特性である。

　あなたも、例えば道を間違えたかもしれないという状況では、間違っているかもしれないという情報よりも、正しい道かもしれないという情報に目がいってしまう経験はないだろうか。

　1999年に起きた横浜市立大学医学部附属病院における患者取り違え事故でも、髪型や症状の違いなど「患者が別人なのではないか」というたくさんの気づきが、「前日に散髪したのではないか」「症状の改善や正常化することはよくある」など、間違っていないという解釈に次々と置き換えられたり、無視されたりして、結局事故を止めることはできなかった[10]。

　確証バイアスはあなたにも備わっているごく一般的な現象であることを知るために、次の問題を解いてみよう。

　図3.6の4枚のカードが「母音の裏は偶数」というルールに従ったものになっているかどうかを確かめるためには、どのカードを確認すべきかという問題である。

　これはウェイソン選択課題、もしくは4枚カード問題と呼ばれるパズルであ

ルール：母音の裏は偶数

図3.6　4枚カード問題

る[11]。4枚全部をめくれば、もちろん確かめられる。しかし、それではパズルにはならない。最低どれを何枚をめくれば確認できるか。

　ここではわかりやすくするため、2枚のカードをめくればよいというヒントを出そう。そうであるならば、どれとどれをめくればよいだろうか。Aと4を確認するというのが、よくある間違いである。正解は、Aと7である。

　理由は以下のように説明できる。最初のカードに書かれているAは母音である。母音の裏を確認して偶数ならルールは成立するが、奇数なら成立しない。したがって、Aの裏は確認する必要がある。

　Dはどうだろうか。Dは子音である。母音の裏は偶数というルールだが、子音の裏に関してのルールはない。したがって、Dの裏は偶数でも奇数でもどちらでもルールは成り立つことになる。そうであるならば、Dの裏を確認する必要はない。

　次に、間違いの多い4はどうだろう。4は偶数である。偶数をめくって裏が母音ならばルールは成立する。しかし、偶数の裏が子音だったらどうだろう。母音の裏は偶数というルールではあるが、先述したように偶数の裏が子音だろうが、子音の裏が偶数だろうが、ルールの成立には関係ない。したがって、4の裏は確認する必要はない。

　最後の7は、奇数である。奇数の裏が母音であれば、母音の裏は偶数というルールに反する。したがって、7の裏を確認しておく必要がある。

　しかし、私たちの脳はAと4を確認したいと強く思う。それはなぜか。脳が、Aと4の裏を確認したいと思う背景には、「A母音の裏は偶数」「4偶数の

裏は母音」というルールが正しいという情報(確証)を得たいという気持ちが働いている。

逆にいえば「A母音の裏は奇数」の可能性、「7子音の裏は母音」の可能性については見たくない、無視したいという気持ちが働いているのである。おそらく、ルールが正しいという情報を得ることによって安心したいのだろう。そして、ルールが間違っているという情報は私たちを不安、不快にさせるために、見たくないのかもしれない。

確証バイアスは、与えられたルールであっても、自分の頭で思いついたことであっても同じである。一度頭の中で何かにスポットライトが当てられると、それを間違いとしてショーを台無しにするようなことはしたくないのである。それが正しいという情報を無意識に探し、間違っているという情報は無視してしまう。これが思い込みから抜け出せない2つ目の理由である。

3.5.7 脳は簡単なパターンで済ませたがる

ヒューマンエラーを起こしやすい状況の1つ目である「いつもと違うことをするとき」は、記憶の自動処理と制御処理と問題の基本的な事態であった。今度は、ヒューマンエラーを起こしやすい状況の2つ目、「②難しいことをするとき」(表3.1)のメカニズムを考えよう。

「難しいことをするとき」にヒューマンエラーが起こりやすいのは、難しいプログラムの取り出しが制御処理だからである。この難しいプログラムを制御処理で取り出そうとしているときに、同時に簡単なプログラムが自動処理で取り出されようとする。このメカニズムがヒューマンエラーを生む。

難しいことが自動処理ではなく制御処理なのは、難しいことや複雑なことを細部にわたって自動処理化するのが難しいからである。もちろん、毎日何時間もかけて何年も繰り返し練習すれば、難しいことでもかなり自動処理にすることはできる。実際に、オリンピックで活躍するスポーツ選手や伝統芸能に携わる方や専門の職人などは、難しいスキルを自動処理で取り出せるまでに鍛え上げている。しかし、同じ状況で寸分たがわぬ複雑なプログラムを間違いなく一貫して再現することを何度も繰り返すことは、一般人にとっては難しい。

　これに対し、簡単なプログラムは短時間に繰り返し練習することができる。また、いくつかの異なった行為や判断に共通な部分が、繰り返し経験され自動処理になっている部分もあるために、自動処理化されている。このため、難しいことは大抵制御処理であり、その簡単なバージョンは自動処理である。

　脳は注意が向けないと、簡単な自動処理で済ませたがるため、難しいことをするときには、難しいことの隅々にじっくり注意を向けながら実行しないと、すぐに簡単バージョンが自動処理で取り出されてヒューマンエラーが発生する。

3.5.8　直前にしたことが割り込んでくる

　ヒューマンエラーを起こしやすい状況の 3 つ目「③同じような場面で直前に違うことをした後」を考えてみよう。

　この場面で、ヒューマンエラーが生じやすいのは、例のごとく、今回するべきことのプログラムの取り出しが制御処理であるときに、その場面では直前に行った違うプログラムが一時的に自動処理となっているからである。

　前述の 2 つの場面「いつもと違うことをするとき」と「難しいことをするとき」は、いつものことや簡単なことをその場面で繰り返し経験していることが多いために自動処理になっていたが、繰り返し経験がなくても直前に行ったことは、一時的に取り出されやすくなっており、自動処理に近い状態になっていることがある。

　このような場面では、今回やるべきことに注意を向け制御処理で取り出そうとしているのに、直前にやったためにその場面（手がかり）との結びつきが一時的に強くなっているプログラムが同時に自動処理で取り出されてしまうのである。

　試しに誰かと以下のゲームをやってみよう。今回は、あなたが引っかかるのではなく、あなたが相手をひっかける番である。うまくやると相手に言い間違えさせることができる。やり方は、あなたがやや速めに声かけを繰り返し、それに応じて相手が指示された回答をできるだけ速く応えるというものである。ゲームの課題は、あなたが何をいっても相手は指示された回答「しずおか」を即座に応えるというものである。

【言わんのバカクイズ】

あなた：東京　―　相手：しずおか

あなた：埼玉　―　相手：しずおか

あなた：神奈川　―　相手：しずおか

あなた：名古屋　―　相手：しずおか

あなた：しおづけ　―　相手：

　このゲームでは、あなたが最後に「しおづけ」と声かけすると、相手は指示された回答である「しずおか」ではなく、「しおづか」というような言い間違い（ヒューマンエラー）を起こす。コツは、テンポよく声かけし、テンポよく「しおづけ」ということである。いきなり目の前の人を捕まえてやる前に、1人で何回か練習しておくほうがいい。

　相手がなぜ言い間違えるのかというと、相手は、注意を向けて制御処理で「しずおか」と言おうとしているのだが、直前に言われた「しおづけ」という発声プログラムが脳内で一時的に強くなり取り出されやすくなるため、「しずおか」と「しおづけ」が混ざった「しおづか」という言い間違い（ヒューマンエラー）起こるのである。このゲームは「言わんのバカクイズ」と呼ばれ、筆者が大学生くらいのときにテレビ番組で流行ったものである[12]。

3.5.9　紛らわしいものは間違いやすい

　「④紛らわしいものを扱うとき」は、主に紛らわしいものを正確に読み取ったり、聞き取ったりするときに、見間違いや聞き間違いをしやすい状況である。

　見たり、聞いたりすることは記憶と関係ないと思われるかもしれないが、私たちがものを見たり聞いたりするのは、カメラやレコーダーが外界の情報を受け取るだけであるのとは違い、外界から情報に頭の中で記憶されたイメージを結びつけて処理することにより「見えた」や「聞こえた」という認識を持つものなのである。

　記憶されたイメージを呼び起こして外界のイメージに結びつけるのであるか

ら、ここにも記憶の自動処理と制御処理が働く。外からの情報が脳内のイメージと強く結びついていれば自動処理で素早く「見えた」「聞こえた」と認識する。あまり強くないイメージと結びつけて見たり、聞いたりするためには、注意を向けて制御処理しなければならない。

　3.5.2 項、図 3.4(p.47) の数字の書き写し課題は、5％を 50％と見間違わせる課題であった。これが見間違いを引き起こしやすい要素の 1 つは、5％の％の左側の丸が大きいために、ゼロと紛らわしいということである。もちろん、よく見ると紛らわしいが％の丸であることがわかる。

　このように紛らわしいものを認識するときには、そうでないものよりも注意力を必要とする。すなわち、制御処理を働かせなければならない。だから、注意を向ければ見間違わない。逆に、注意が十分に向けられない場合には、自動処理で取り出されたものが実行されやすくなる。

　数字の書き写し課題には、前述したように間違いを引き起こすためのもう 1 つの要素である一貫した 2 桁数字の繰り返しがある。このため、注意が不十分で制御処理が働かないと、2 桁数字が自動処理化され、見間違いが生じるのである。これが仮に図 3.4 の課題のように 5％以外が 2 桁数字であっても、紛らわしい手書き文字ではなく、活字ではっきり書かれた数列であれば、見間違いはほとんど起こらない。

　事故が起こった後、「注意していれば間違えなかったはずなのに……」という反省がよく出てくる。「注意していなかったのか」と叱責されることすらあるかもしれない。また、事故防止対策として、「注意すること」というような警告があげられることもある。

　しかし、紛らわしいものは制御処理を強いられるものであり、制御処理は3.6.6 項で述べる注意の限界のためにうまくいかないことが必ず出てくる。そのため、紛らわしいものは間違いを引き起こしやすいのである。事故防止対策としては、紛らわしさをなくすことを考えることをまず考えるべきである。

3.5.10　整理整頓はヒューマンエラー防止にも重要

　次も紛らわしさが関係する。次の課題を見てみよう。これは、写真の中から

　与えられたターゲットがあるかないかをできるだけ速く判断するものである。
ターゲットはレモンである。これには簡単な課題と難しい課題がある。図 3.7
が簡単なレモン探索課題であり、図 3.8 が難しいほうである。

　図 3.7 と図 3.8 で判断スピードや正確さ（判断ミス）を比較すると当然、図 3.7
のほうが速くミスなく判断でき、図 3.8 のほうは判断も遅く、ミスも多くなる。

　これは、ビーダーマンたちが行った実験課題[13]を真似て筆者が作ったもの
であるが、なぜ図 3.7 は簡単で図 3.8 は難しくヒューマンエラーが多いのだろ
う。図 3.8 は写真がバラバラだからである。では、なぜバラバラだと難しいの

図 3.7　簡単なレモン探索課題

図 3.8　難しいレモン探索課題

だろう。

　説明しなくてもわかるところではあるが、図 3.8 は図 3.7 を 6 等分してバラバラに並べたものである。図 3.7 のほうが速く正確に判断できるのは、図 3.7 はトンカツや弁当箱などが簡単にそれぞれの「もの」として自動的に認識でき、それらがレモンであるかどうかの判断もほとんど同時に自動的にできるからである。念のために記すが、正解は「レモンはない」である。

　図 3.8 では写真の中のものがバラバラにされてしまっているため、それが何であるかの判断が自動的には行われない。注意を向けて 1 つひとつ、レモンかどうかを確認していく必要がある。

　つまり、図 3.7 のような整理整頓された場面では、ものの認識が自動処理で行えるため速く判断でき、また注意資源を他のことに有効に使えるため間違いがないかどうかの最終確認に注意を十分に割り振ることができる。

　これに対して、図 3.8 のような混沌とした場面では、隅から隅まで制御処理で注意しながら確認する必要があり、遅く、また見間違いも増える可能性が高まる。

　このように整理整頓された場面のほうが、効率よく、かつヒューマンエラーも少なく処理ができるのは写真の中だけの話ではない。あなたの働いている職場でも同じである。整理整頓は、つまずいて転ばないようにという意味だけではない。整理整頓されている職場は、作業効率も良く、かつヒューマンエラーも少なくできるのである。

3.5.11　「後で〜する」はできそうだができない

　記憶の問題によりヒューマンエラーを起こしやすい場面の最後、「⑤後で〜するとき」について説明しよう。

　あなたは、「後で〜しよう」と思ったことを実行するのを忘れてしまったことはないだろうか。筆者にはこれがしばしばある。例えば、静岡に住むようになってから車を使う機会が増え、その中で度々悩まされた「後で〜しよう」問題がある。

　静岡では、デパートやショッピングモールに出かけるときもほぼ車を使う。

また出張で新幹線に乗るときにも駅まで車で行くことが多い。デパートや駅に行くときは、デパートの駐車場や駅の近くのコインパーキングに車を停めるが、この際に必要とされる作業は以下のようなものである。

まず、駐車場の入り口で駐車券を受け取り、ダッシュボードの上に置く。そして、車を降りるときにダッシュボードから駐車券を持って降りようと頭の片隅で思いながら、駐車スペースを探し、バックで駐車し、ドアミラーをたたみ、荷物を持って、ダッシュボードに置いた駐車券を取って、車を降りる。

問題は、この作業の中で、車を降りるときにダッシュボードの上においた駐車券を持っていくのを忘れるということである。

これは、「車を降りるとき、すなわち後で、駐車券を持っていく課題」ということができる。あなたはどうだろうか。「後で～する」ことを忘れた経験は筆者に限らず、少なからずあるのではないだろうか。「後で～する」ことは、なぜ忘れやすいのだろうか。

「後で～する」は、「後」になるまで、「～する」ことを覚えておき、「後」になったときに適切に「～する」ことを思い出すことにより「～する」ことができる。

つまり、「後で～する」も記憶の問題なのである。このような未来に実行すべきことを覚えておく記憶のことを認知心理学では、展望的記憶と呼んでいる。記憶なので、展望的記憶を思い出すやり方も、すでに説明したように2通りある。すなわち、制御処理と自動処理である。

まず、制御処理で展望的記憶を思い出すことを筆者の駐車券の例で考えてみよう。制御処理では、「～する」ことに注意や意識を向け続けなければならない。駐車券の課題は、駐車券をダッシュボードに置いてから、駐車スペースを探し、バックで車を停め、ギアをパーキングに入れて、ミラーをたたむ……、そして、車を降りる際にダッシュボードにおいた駐車券を手に取ることである。制御処理でこの課題を成功させるには、駐車券を取るまで、「駐車券、駐車券、駐車券……」と駐車券のことに注意や意識を向け続けなけらばならない。

3.6節で注意の問題について説明するが、同時に注意できる量に限りがある。また同じことに注意を向け続けられないという欠点がある。

　これらは人により多少の量の違いや長さの違いはあるが、少なくとも筆者の注意量では「駐車券、駐車券、駐車券……」と注意しながら、上述の一連の駐車作業を行うことは量的にも時間的にも無理である。

　あなたはどうだろう、駐車場面に限らず、「後で〜する」場面で、「〜する、〜する、〜する……」と頭の中で唱え続けていられるだろうか。「仕事帰りにコンビニエンスストアで牛乳を買って帰ろう」「午後一で相手先に電話を入れよう」「メールを書いたら、このファイルを添付してから送信しよう」など、日常には多くの展望的記憶課題が存在する。そのたびに、「帰りに牛乳」と頭の中で繰り返しながら1日仕事をする、「相手先に電話」に注意を向け続けながら午前中の仕事を片付ける、「ファイルを添付、ファイルを添付」と唱えながらメールを書く、などということができるだろうか。

　改めて考えると難しいかもしれないと思うかもしれないが、その場面ではできるような気がしてしまうところが不思議である。しかし、日常の多くの展望的記憶課題は、実際には制御処理で思い出すことは不可能なのである。

　それならば、自動処理で展望的記憶を思い出すことはできるだろうか。自動処理は、場面に含まれる手がかりと思い出すべきことが強く結びついているために、手がかりを含む場面に身を置くと自動的に思い出すべきことが取り出されるものである。

　すなわち、展望的記憶を自動処理で成功させるには、「〜する」を思い出すときに、「〜する」を自動的に思い出すような「〜する」と強く結びついた手がかりが場面の中に存在しなければならない。

　筆者の例でいえば、「車を降りるときに駐車券を手に取る」ためには、車を降りる場面に「駐車券を手に取る」ことを思い出させる手がかりが存在しなければならない。

　車を降りる場面を思い浮かべてみよう。駐車券がフロントガラスにでも貼られていれば別だが、ダッシュボードに置いただけではほとんど目に入ってこない。つまり、車を降りる場面には、「駐車券を持って降りる」ことを思い出す手がかりはほとんどないのである。

　日常のほとんどの「後で〜する」展望的記憶には、「後」の場面に「〜する」

を思い出させる手がかりはほとんど含まれていない。仕事帰りの場面には「コンビニに寄る」ことを思い出す手がかりは含まれていないし、午後イチの場面にも「相手先に電話する」ことを思い出す手がかりは含まれていない。メールにも「ファイルを添付する」ことを思い出す手がかりはないのである。つまり、多くの展望的記憶課題には手がかりがほとんどない。そうなると自動処理で思い出すことはできないのである。

　制御処理でも思い出せない、かつ自動処理でも思い出せないということは、記憶の2つの処理システムのどちらも使えないということである。ということは、「後で〜する」展望的記憶を思い出すことは理論的に不可能だということである。これが、私たちが「後で〜する」をよく忘れてしまう理由である。つまり、「後で〜する」展望的記憶は、記憶のメカニズムから考えて思い出せないものなのである。

3.5.12　「後で〜する」ためには、思い出す手がかりを用意する

　「後で〜する」は、「後で〜しよう」と思うだけでは無理だということがわかった。では、どうしたら「後で〜する」ことができるのだろうか。

　1つは、思い出す必要があるとき、つまり「後」に、「〜する」ことを自動処理で思い出させる手がかりを用意すればよい。「後で〜する」と書いたメモを目に届くところに貼っておくことも、思い出す手がかりになる。看護師はよく手にメモする。筆者も、よく手にメモする。このため、ペンを買うときは、できるだけ手に書きやすいものを選ぶようにしている。メールをわざと未読にしたり、自分自身にメールを送ったり、カレンダーやスケジュール帳に書いたりする。ゴミ出しを忘れないように、前の晩に気づいたらゴミを玄関などの目につく場所に置くようにしている。これらはすべて手がかりを用意していることになる。

　ただし、手がかりも目立たなかったり、肝心なとき、つまり「後」のタイミングで目に入らなかったりすれば効果がない。また逆に「後」以外でも常に目に入っていれば、脳は邪魔な手がかりを無視するようになってしまい、肝心なとき、つまり「後」のタイミングで無視されてしまうこともある。

　手がかりを用意するといっても、なかなか難しいものである。うまい手がかりを用意することが「後で〜する」を成功させるポイントである。

3.5.13　「後で〜しよう」としている自分に気づけるように意識する

　ちなみに、静岡に住むようになってから筆者を悩ませた駐車券問題は、2年くらい悩んだ末に解決した。ヒューマンエラーを研究対象として20年以上になるが劇的に再発を防止できたのはこれくらいだろうか……。

　駐車券問題に関し、筆者は先ほどのゴミ出しのときと同じように、手がかりとして「特定の場所に置く」という技を使った。これは、特定の場所に置くことにより、肝心なときに「〜する」対象物が目に飛び込んでくるために、自動処理の手がかりとして機能するというものである。

　筆者の場合、駐車券を受け取ったら、ダッシュボードには置かずに、口にくわえるようにしている（図3.9）。これを毎回愚直に繰り返すことにより、静岡歴3年目に入った頃からは現在に至るまで一度も駐車券を忘れたことがない。

　筆者がこのように駐車券をくわえたり、「後で〜する」ことを手にメモしたりするのは、自分が「後で〜する」ことができないことを知っているからである。後で〜することを思い出すことが「できる」と思っている限りは、せっかくの対策も決して実行されない。前述の「「後で〜する」はできそうだができない」をしっかり意識できるかどうかが、対策を実行できるかどうかのカギにな

図3.9　車を降りるときに駐車券を持って降りることを忘れない対策

るのである。

　「後で〜しよう」と思った瞬間に、いや、これはできない、と気づけば、手がかりを用意しようということになる。ぜひ、今から「後で〜しよう」と思う瞬間を意識して生活してみてもらいたい。そうすると、私たちがいかに不用意に「後で〜しよう」と頻繁に思っていることがわかる。

　「後で〜する」はできないのである。これをしっかり認識しよう。不用意に「後で〜しよう」と思ってしまう瞬間を意識し、何らかの手がかりを残そう。もしくは後回しにしないで今すぐやってしまおう。

3.6　注意の問題が引き起こすヒューマンエラー

　ヒューマンエラーは記憶と注意の問題が重なったときに生じやすい。実際、これまで述べてきた記憶の問題によりヒューマンエラーが生じやすい状況①〜⑤(表3.1、p.39)においても注意を十分向けていれば、誤った自動処理を抑え、正しく制御処理を行うことができ、ヒューマンエラーは発生しない。

　ところが、「注意を向けていれば」というのが、うまくいかないことがある。人は大抵の場合は、やるべき制御処理に注意しっかり向けてヒューマンエラーを起こすことなく、適切な行為や判断を行っている。しかし、注意には3つの欠点があり、このため注意が働かずにヒューマンエラーが起こってしまう。

　注意の3つの欠点とは、以下である。

【注意の3つの欠点】

① 注意を向けながら実行するために制御処理が遅いこと

② 同時に注意を向けられる量には限りがあること(容量制限)

③ 同じことに注意を向け続けられないこと(持続制限)

　本節では、「表3.1　ヒューマンエラーを起こしやすい状況」の内、⑥〜⑨「注意の問題が引き起こすヒューマンエラー」について説明する。

3.6.1　急ぐと失敗しやすい（ゆっくりやると失敗しにくい）

　表 3.1（p.39）の「⑥急いでいるとき」に、人はなぜエラーしやすいのだろうか。これには 2 つの問題が考えられる。1 つは、そもそも制御処理は遅いので短時間では実行することができないためである。もう 1 つは、同時に注意を向けられる量には限りがあるため、「急ごう」と焦ったり思ったりすること自体が、限りある注意量を奪ってしまうためである。

　制御処理は注意を向けたり、やるべきこと 1 つひとつを意識したりしながら取り出す処理なので時間がかかる。これに対し、自動処理は無意識に自動的に実行されるものなので速い。このため、急いで短時間で処理しようとすると、遅い制御処理は時間内に終わらない。

　制御処理が終わらないうちに行為や判断を出力するのだから当然、出力される行為や判断は今行おうとしている制御処理の結果ではなく、すでに処理が終わっている自動処理が用いられる。このため、誤った自動処理に従ったヒューマンエラーが起こる。

　もう一方の注意量の問題は、「人が同時に注意できる量には限りがある」というものである。限りある注意量の問題はのちに詳しく述べるが。限りある注意が他に奪われてしまうと、残りの注意で制御処理を実行しなければならない。今やるべき制御処理に向ける注意量が足りなくなってしまえば、場面と結びつきの強い自動処理が実行される。「急ごう」という意識が限りある注意量を奪い、ヒューマンエラーを引き起こすのである。

　図 3.4（p.47）の数字をできるだけ速く書き写す課題を思い出してみよう。この課題で 5% を 50% と見間違うのは、いくつかの要素が関係しているが、その 1 つは速く書き写させることである。

　速く書こうとすると、1 つひとつの文字の認識を制御処理する時間がない。したがって、パッと目に飛び込み思いつきやすい自動処理で認識することになる。この課題では、さらに 3.5.2 項「同じパターンが続くときは、注意が向かなくなる」で述べたように 2 つの要素が関与しており、% の丸の 1 つが大きいためにゼロと見誤りやすく、また 7 番目以外の数字がすべて 2 桁であるために 2 桁数字だという自動処理が生じやすい。このため、50% と見間違うのである

が、このような課題であっても、ゆっくり書き写すように指示するだけで、ほとんど書き間違いは起こらなくなる。急ぐと失敗しやすいのである。ヒューマンエラーを防ぐためには、ゆっくり仕事すべきである。

3.6.2　同時に注意できること（数、量）は限られている

表3.1(p.39)の「⑦忙しいとき」に、ヒューマンエラーが生じやすいのは、同時に注意できる量に限りがあるからである。忙しいということは、同時にやるべきことがたくさんあり、それぞれに注意を向けなければならない場面といえる。

注意量には限りがあるので、いくつかのことに注意を割り振れば、1つひとつに向ける注意の量は少なくなる。

このため、注意量の限界を超えた複数のことに注意を割り振る場面では、十分な注意を必要とする制御処理がうまく働かず、失念や誤った自動処理プログラムの実行によるヒューマンエラーが生じやすくなる。

ここで、また1つ課題をやってみよう。図3.10のカードの中から好きなものを1枚選び、覚えておこう。それができたら次ページの図3.11を見てみよう。

どうだろう。あなたの選んだカードは消えただろうか？　鋭いあなたならば、すぐに仕掛けに気づくかもしれないが、それでも一瞬「え？」と思ったのではないだろうか。

まだ「なぜ私の選んだカードだけ消えた？」と思っている人は、もう一度図3.10の別のカードを選び、図3.11を見てみよう。どんなに鈍い人でも6回繰り返せば気づくのではないだろうか。

図3.10　好きなカードを1枚選び覚えておこう

図 3.11　あなたの選んだカードが消えた？

　そう、図 3.10 と図 3.11 のカードはすべて入れ替わっており 1 枚も同じもの
はないのである。つまり図 3.10 でどのカードを選んでも、図 3.11 にそのカー
ドはあるはずがないのである。それなのに、このインチキ手品が一瞬でも「な
ぜ自分の選んだカードだけ消えたの？」とあなたを驚かせるのは、私たちが一
度に注意できる範囲(量)が限られていて、自分の選んだカード以外には注意が
向けていないからである。本当は「自分の選んだカードだけ消えた」のではな
く、「すべてのカードが消えた」のである。

3.6.3　注意を向けないものには気づかない

　自分が選んだカード以外はほとんど何も覚えていないことからもわかるよう
に、あるものに注意を向けると逆に注意を向けられないものが出てくる。そし
て、注意を向けられていないものは、ほとんど脳で処理されない。

　あなたは、テレビ番組やゲームに夢中になっていて誰かに呼ばれても聞こえ
なかったという経験はないだろうか。

　次のサイトの最初のビデオ課題をやってみよう。

　パソコンやスマートフォンで下記の URL にアクセスするか、YouTube で
「selective attention test」で検索すると最初に出てくる映像がこの課題である。

　http://www.theinvisiblegorilla.com/videos.html(2020 年 9 月 1 日現在)

　ビデオの中では、白いシャツを着た 3 人組と黒いシャツを着た 3 人組が同じ
場所でそれぞれバスケットボールのパスをしており、あなたの課題は、白い
シャツを着た 3 人が何回ボールをパスするかを正確に数えることである。

　同じ場所で黒いシャツを着た 3 人組もバスケットボールのパスをしているの

で、結構紛らわしく、黒いシャツを着た3人組のパスを無視して、白いシャツを着た3人組のパスを正確に数えるには、それなりに注意を集中する必要がある。

これは、先ほどのトランプのインチキ手品と同じように、注意を向けなかった部分の情報処理がほとんどされていないことを示す課題である。注意を向けていない黒いシャツの3人組に対して情報処理がされていないだけでなく、「黒いもの」全般に注意が向かず情報処理がなされない。

あなたは、パスの途中にゴリラが通ったのに気づいただろうか。気づかなかったならば、もう一度ビデオを見直してみよう。ただし、今度はパスを数えることなしに、ただゴリラが通るかどうかだけに注意を向けてみよう。私たちは注意を向けなかったものは、ゴリラが横切るという特異な状況すら見逃したり聞き逃したりする。

いや、日常や仕事の場面でゴリラを見逃すようなことはないと思うかもしれない。しかし、この他にも、携帯電話での会話に注意を向けて歩いている大学生がキャンパス内でピエロが一輪車に乗っていても気づかなかったり、放射線医師が肺のCT画像の中に写っているゴリラに気づかなかったりするという報告もある。

前者においては、普通に1人で歩いている大学生の51.3%が一輪車に乗っているピエロに気づいているのに対し、携帯電話で会話しながら歩いている大学生では25%しかピエロに気づいていない[14]。

また後者では24人の放射線医師にCT内の肺結節を数えさせる際に20人がCT画像の中に写っているゴリラを見逃している。これはCT画像内の肺結節の探索に集中するがゆえに余計に生じる問題である。実際、素人25人に同様の課題を行わせてもゴリラに気づかないものはいなかった[15]。

3.6.4　慣れたことは意識するとかえってうまくいかない

表3.1 (p.39)の「⑧緊張しているとき」にも、ヒューマンエラーは生じやすい。これも注意が関係した問題である。緊張しているときにヒューマンエラーが生じやすいのには、2つの問題が考えられる。

　1つは、緊張すると注意を向けなくてもいい自動処理に注意を向けてしまい、スムーズな自動処理を邪魔してしまうということである。

　もう1つは、「うまくできるだろうか」という不安が、再び限りある注意を奪い、制御処理に向ける注意量を減らしてしまうという問題である。

　最初の問題は、よく身に付いた自動処理を緊張場面で実行する場合に生じる。プロのスポーツ選手などは個々のプレーを自動処理になるくらいまで繰り返し練習している。このため、あまりプレーに注意を向けなくてもスムーズに自動処理を行うことができる。ところが逆にせっかくの自動処理に注意を向けてしまうと、うまく実行できなくなってしまう。すでに自動化された処理に、向けなくてもいい注意を向けることを再投資（reinvestment）と呼ぶ[16]。

　新しいことを身に付ける際には、慣れるまで1つひとつの行為に注意を払い制御処理を繰り返す。この最初の注意が投資である。注意を投資しながら制御処理を繰り返し、行為が自動処理になると注意の投資は必要なくなる。もう投資の必要なくなった自動処理に再度注意の投資を行うことから再投資というわけである。

　自動処理は注意を必要としない。逆にせっかく投資して身に付けた自動処理に余計な注意を再投資すると逆に自動処理を邪魔し、行為がぎこちなくなる。このような現象は「分析による麻痺（paralysis by analysis）」と呼ばれる。

　ゴルファーは意識するとパターをうまく打てなくなってしまったり、サッカー選手はドリブルに意識を向けると下手になってしまったり[17]、野球選手もバッティングに意識を向けると振り遅れたりする[18]。逆に、熟練の技を行うときには、別のことに注意がそれているくらいのほうがいいようである（緊張場面のヒューマンエラーについては参考文献［19］が詳しい）。

　プロのスポーツ選手でなくても、私たちの日常生活の多くのことは自動処理である。日常のルーチンワークを緊張して実行するような場面はほとんどないかもしれないが、人目を意識して格好良く歩こうとすると、歩きがぎこちなくなったり、車の運転や慣れた仕事を人に説明しようとするとうまくいかなくなったりすることがある。これまでに説明して来たように注意を向けないために起こすヒューマンエラーもあれば、今回の緊張場面の問題のように注意を向

けすぎて起こすヒューマンエラーもあるのである。

　次の 3.6.5 項で紹介するのは、同じ緊張場面でも注意が向かなくてヒューマンエラーを起こす場合である。

3.6.5 不安や心配も限りある注意資源を奪う

　まだ身に付いていない行為や判断を制御処理で行うためには、十分に注意を向ける必要がある。ところが、緊張場面ではやるべき行為や判断ではなく別のことに注意がそれてしまう。緊張場面でやるべき制御処理から注意を奪うのは「うまくやれるだろうか」「大丈夫だろうか」という不安や心配である。

　本当は緊張や心配などしないで、今やるべきことに注意をすべて向ければいい。心配などするから余計にヒューマンエラーを起こしやすいのである。しかし、もちろん、誰も、心配したくて心配しているわけではないし、緊張したくて緊張しているわけでもない。緊張や心配をせず、今やるべきことに集中したいのに、勝手に緊張や心配をしてしまうのである。

　「緊張しないで」「リラックスして」などというアドバイスはほとんど意味がない。しかし、何を心配しているのかを具体的に聞いてあげるのはよいだろう。何を不安に思っているかを具体的に書き出すとよいという研究報告がいくつか出されている。書き出すことで、限りある注意資源の中から不安事が消えていくそうである[20]。

　このような書き出しはエクスプレッシブ・ライティング（expressive writing）と呼ばれている。書くと不安が消えるメカニズムについてはまだわかっていないことが多いが、消えるという報告はいくつもあるので試してみるといい。

3.6.6 人は同じことに注意を向け続けられない

　人は同じことに注意を向け続けることが苦手である。したがって、表 3.1 (p.39) の「⑨注意を向け続けなければならないとき」に、ヒューマンエラーが生じやすい。人の注意機能は、同時に向けられる量に限りがあるだけでなく、注意を向け続ける時間にも限りがあるのである。

　人間の注意持続力の限界を体験するために、1 分か 2 分あれば十分である。

キッチンタイマーやスマートフォンのタイマー機能を使って 1 分か 2 分時間を設定し、1 分か 2 分経ったらアラームが鳴るようにしてタイマーをスタートしよう。アラームが鳴るまでの 1 分か 2 分にあなたがやることは、ひたすら平仮名の「お」をたくさん書くことである。間違えても直す必要はない。とにかくひたすら「お」を書き続けてみよう。とにかく制限時間内にたくさん書くようにしよう。

　どうだろう。すべての「お」が正しく書けただろうか。これは急速反復書字（rapidly repeated writing）と言われる課題で、「お」をたくさん書き続けると、「あ」や「む」「よ」「す」「み」などを間違って書いてしまう [21]（図 3.12）。

　あなたは何を書いただろうか。「よ」や「す」だと、「お」だと言い張る人もいるかもしれない。「あ」や「む」を書くと言い逃れできないので衝撃的である。

　もちろん、全部「お」を書けたと自慢する人がいるかもしれない。そういう人はもう一度やってみるか、別の日にまたやってみるといい。本書で取り上げた多くの課題やヒューマンエラー研究で使う多くの課題は一度経験するともう二度と間違えないものが多いが、この課題はわかっていても間違える。

　筆者などは、デモンストレーションのために「お」をいくつか書こうとすると、初めから「あ」を書いてしまいデモンストレーションにならずに困ってしまうこともある。しかし、なぜ、「お」を書き続けると「あ」や「む」を書いてしまうのだろうか。

　実はここまで述べてきた自動処理や制御処理は、ある行為が必ずどちらかにはっきり分けられるものではなく、どのくらい自動処理的か、どのくらい自動

図 3.12　急速反復書字によるスリップ

化されているかという程度の問題である。字を書くという行為はある程度自動
処理化されているものだが、制御処理的な部分も多分にある。

　したがって、「お」を書くときには、「お」を書くことに注意を向け、「お」
の書字プログラムをある程度制御処理により記憶から取り出す必要がある。こ
のとき取り出される「お」の書字プログラムは、おそらく「短い横棒を書い
て、横棒の真ん中に縦棒をクロスして、やや長めに書き、右にクルッと回して
横長に引っ張り、最後は半円を書くようにして止め、右上に点を打つ」という
ものだろう。

　改めて見ると意外と複雑なものなのである。「お」の書字に注意を十分向け
ていられれば、このプログラムが正確に取り出され、「お」を書き続けること
ができるはずである（図3.13）。

　ところが、人はたった1分や2分ですら「お」の書字に注意を向け続けるこ
とができないのである。このため、制御処理がうまく働かず、「横書いて縦書
いてクルッと回って」くらいの簡単なプログラムが自動処理で取り出されて実
行されてしまい、書き間違いが発生する。

　急速反復書字で発生する書き間違いは、文字なら何でも出てくるわけではな
い。書字パターンが似たものに限られる。「横書いて縦書いてクルッと回って」
が含まれるものが間違って書かれるわけである。「あ」も「む」も「よ」「す」

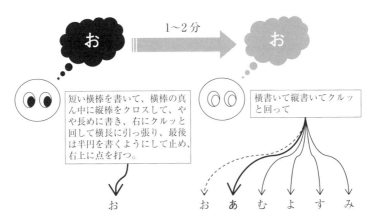

図3.13　急速反復書字によるスリップのメカニズム

「み」もすべて「横棒書いて縦棒書いてクルッと回って」で書ける文字である。きっと、「お」をたくさん書き続けているうちに、だんだん何を書いているかわからないという感じがするだろう。注意が続かず、ぼんやりしてきた証拠である。

　このように、同じものを続けて書くときや、続けて見たときに生じる、何なのかよくわからないという感覚は、ゲシュタルト崩壊、あるいは意味飽和と呼ばれる。

　人が同じことに向け続けられる注意時間は課題によって異なる。楽しくて夢中になれるような課題であれば、何時間でも集中することができる。逆につまらなくて退屈な課題であれば数分も集中できないかもしれない。モニター画面やレーダーの監視など、まれに生じるかもしれないことを待ち続けるような課題は注意の持続力に限界のある人間には難しい。

第3章の参考文献

［1］　J. Reason: *Human error*, Cambridge University Press, 1990.（J・リーズン 著、十亀洋 訳、『ヒューマンエラー完訳版』、海文堂、2014 年）

［2］　W. Schneider and R.M. Shiffrin: "Controlled and automatic human information processing: I. Detection, search, and attention", *Psychological Review*, 84,（1）, pp. 1-66, 1977.

［3］　重森雅嘉：「繰り返し経験が手書き文字の見間違いに与える影響」、『医療の質・安全学会誌』、12、（3）、pp. 263-269、2017 年。

［4］　重森雅嘉：「不適切なスキーマの活性頻度とタイムプレッシャーが認知スリップに与える影響」、『認知心理学研究』、17、（1）、pp. 37-47、2019 年。

［5］　A.S. Luchins: "Mechanization in problem solving — the effect of Einstellung", *Psychological Monographs*, 54,（6）, 1942.

［6］　D.R. Hofstadter: "Metamagical themas", *Scientific American*, 247,（5）, p.p. 18-36, 1982.

［7］　D. Hofstadter: *Metamagical themas: Questing for the essence of mind and pattern*, Basic Books, 1985.（ダグラス・R. ホフスタッター 著、竹内郁雄、斉藤康己、片桐恭弘 訳：『メタマジック・ゲーム―科学と芸術のジグソーパズル』、白揚社、1990 年）

［ 8 ］ M.C. Anderson, E.L. Bjork, and R.A. Bjork: "Retrieval-induced forgetting: Evidence for a recall-specific mechanism", *Psychonomic Bulletin & Review*, 7, (3), pp. 522-530, 2000.

［ 9 ］ J. Reason and D. Lucas: "Using cognitive diaries to investigate naturally occurring memory blocks", *Everyday memory actions and absent-mindedness*, J.E. Harris and P.E. Morris, Editors, Academic Press, pp. 53-70, 1983.

［10］ 横浜市（衛生局）：『横浜市立大学医学部付属病院の医療事故に関する事故調査委員会報告書』、1999 年。

［11］ P.C. Wason: "Reasoning", *New horizons in psychology 1*, B.M. Foss(Ed.), Penguin, pp. 135-151, 1966.

［12］ ニッポン放送「浅草キッドの土曜メキ突撃！ちんちん電車！」編：『浅草キッドの言わんのバカクイズ』、ニッポン放送出版、1992 年。

［13］ I. Biederman, A.L. Glass, and E.W. Stacy: "Searching for objects in real-world scenes", *Journal of Experimental Psychology*, 97, (1), pp. 22-27, 1973.

［14］ I.E. Hyman, S.M. Boss, W.B. M., K.E. McKenzie, and J.M. Caggiano: "Did you see the unicycling clown? Inattentional blindness while walking and talking on cell phone", *Applied Cognitive Psychology*, 24, pp. 597-607, 2010.

［15］ T. Drew, M.L.-H. Vō, and J.M. Wolfe: "The invisible gorilla strikes again: Sustained inattentional blindness in expert observers", *Psychological Science*, 24, (9), pp.1848-1853, 2013.

［16］ R.S. Masters, R.C. Polman, and N.V. Hammond: ""Reinvestment": A dimension of personality implicated in skill breakdown under pressure", *Personality and Individual Differences*, 14, (5), pp. 655-666, 1993.

［17］ S.L. Beilock, T.H. Carr, C. MacMahon, and J.L. Starkes: "When paying attention becomes counterproductive: Impact of divided versus skill-focused attention on novice and experienced performance of sensorimotor skills", *Journal of Experimental Psychology: Applied*, 8, (1), pp. 6-16, 2002.

［18］ R. Gray: "Attending to the Execution of a Complex Sensorimotor Skill: Expertise Differences, Choking, and Slumps", *Journal of Experimental Psychology*: Applied, 2004. 10, (1): pp. 42-54.

［19］ S.L. Beilock: *Choke: What the secrets of the brain reveal about getting it right when you have to*, Free Press, 2010.(シアン・バイロック 著、東郷えりか 訳：『なぜ本番でしくじるのか：プレッシャーに強い人と弱い人』、河出書房新社、

2011 年）

[20]　K. Klein and A. Boals: "Expressive writing can increase working memory capacity", *Journal of Experimental Psychology: General*, 130,(3), pp. 520-533, 2001.

[21]　Y. Nihei: "Dissociation of motor memory from phonetic memory: Its effects on slips of the pen", *Graphonomics: Contemporary research in handwriting*, H.S.R. Kao, G.P.v. Galen, and R. Hoosain(Eds.), North-Holland, pp. 243-252, 1986.

第4章

ヒューマンエラーの
防ぎ方を見直す

　ヒューマンエラーは、私たちが普段効率よくかつ柔軟に生活するために用いている自動処理と制御処理という優れたシステムのダークサイドである。

　映画『スターウォーズ』に登場するジェダイの戦士が用いる「フォース」と違い、自動処理、制御処理はライトサイドだけを使うというわけにはいかない。ライトサイドの恩恵を得ようとすればするほど、ダークサイドのリスクが高まる。

　では、自動処理と制御処理の恩恵を与っている限り、ヒューマンエラーを防ぐことはできないのだろうか。

　究極には「ヒューマンエラーを防ぐことはできない」と言わざるを得ない。

　しかし、まったく何もせずに無防備に自動処理と制御処理を用いているよりは、多少なりともヒューマンエラーを減らすことはできる。実際に、これまで多くのヒューマンエラー防止対策が考案され、実際に用いられており、それなりに効果があるといわれている。

　多くのヒューマンエラー防止対策は、第3章で述べたヒューマンエラーの発生メカニズムにもとづいて理論的に作られたものではなく、作業現場の創意工夫から生まれたものである。なぜそれがヒューマンエラーを防ぐことができるのか、そして本当にヒューマンエラーを防ぐ効果があるのかという点については個人の主観的な経験談を集めた伝説の域を超えないものも多い。

　本章では、現在よく用いられているヒューマンエラー防止対策のいくつかをヒューマンエラーの発生メカニズム(第3章参照)にもとづいて見直す。

　なお、ヒューマンエラー防止対策にはさまざまなものがあるため、整理して理解しやすくするためにSHELモデルの分類のどれに相当する対策であるかを示す。

図 4.1　SHEL モデル

　SHEL モデルは事故の原因や対策の方向性を考えるうえで手がかりとして用いることができる整理基準であり、Software（手順など）、Hardware（機器や道具）、Environment（環境）、Liveware（人や組織、人間関係など）の視点が用意されている[1]。

　SHEL モデルはどの方向の原因や対策であっても人を中心として人との関係で捉えることを推奨している（図 4.1）。すなわち、Software（手順）の問題を考える際にも Software（手順）を実行するのは Liveware（人）であるわけだから、Software と Liveware の関係、S-L で考えようというものである。この考え方は、筆者のように人の問題として物事を捉える心理学者には馴染みやすいものでもある。

4.1　指差呼称（S-L）

4.1.1　指差呼称の効果

　指差呼称とは、何か行為を加えようとする対象や確認しようとする対象を指差し、行為や確認内容を声に出して確認（呼称）するものである。指差称呼、指差唱呼、指差喚呼、指差確認、指差確認喚呼など多少の名称の違いはあるが、鉄道やバスなどの運転手や車掌、駅員、各種工場の作業者、病院の医師や看護師などさまざまな産業でさまざまな人がさまざまな場面で用いているヒューマンエラー防止対策である。

　一般の方がよく目にするのは、駅のホームで停止位置の確認や出発時のホー

ムの安全確認の際に、指を差し、大きな声で呼称している車掌や駅員の姿ではないだろうか。

　電車の一番先頭の車両に乗り、運転台を見ると、運転士が始終指を差して、声を出しているのが見える。壁や窓に遮られて何を言っているかまでは聞き取れないと思うが、基本的には信号機を指差し、確認すべき信号の名称である。「出発」（駅の出口にある信号）や「場内」（駅の入り口にある信号）、「第○閉そく」（駅間に決められた距離ごとに配置されている信号）と、信号の色が表す指示の名称「進行」（最高速度でその信号が示す領域に進んでいい）、「注意」（決められた速度でその信号が示す領域に進んでいい）、「停止」（その信号が示す領域に入ってはならないため、その前で停止しなければならない）を呼称しているのである。

　指差呼称は、見間違いや行為忘れ、行為間違いの防止に効果が期待できる。この指差呼称のヒューマンエラー防止効果を実験で検証し、はっきりした結果を出しているものが2つある。いずれも現在の公益財団法人鉄道総合技術研究所で行われており（最初の実験は同研究所の前進である国有鉄道の鉄道労働科学研究所で行ったもの [2]、2つ目の実験は同研究所が財団法人であった頃に行ったもの [3]）、やり方はほぼ同じである。

　いずれも信号の色に合わせて、それに対応したボタンを速く正確に押すという課題であり、この課題を行う条件を以下のように分けエラー率や反応にかかる時間を条件間で比較している。

【指差呼称実験の条件】

①　指差呼称しながら行った場合

②　指差しのみをしながら行った場合

③　呼称のみをしながら行った場合

④　何もせずに行った場合

　結果はいずれも、「④何もせずに行った場合」より、「②指差しのみをしながら行った場合」や「③呼称のみをしながら行った場合」がエラー率が低く、特

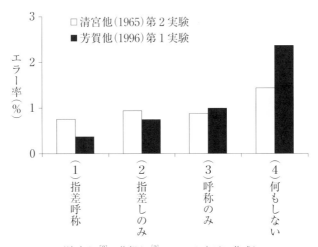

（清宮ら[2]、芳賀ら[3]のデータを元に作成）

図 4.2　指差呼称のヒューマンエラー防止効果検証実験結果

に「①指差呼称しながら行った場合」がもっともエラー率が低くなっている（図4.2）。

　ちなみに、芳賀らの実験の結果において「①指差呼称しながら行った場合」のエラー率が「④何もせずに行った場合」の6分の1になっているため、指差呼称はヒューマンエラーを6分の1にするというような考え方が一部で信じられている。

　しかし、エラー率は課題の難易度によって変わるし、同じ難易度の課題でも実施する人によっても変わる。これらの条件を工夫すれば、6分の1どころか、10分の1にエラー率を低下させる指差呼称実験の結果を出すこともできかもしれないし、2分の1程度になることもあるかもしれない。ましてや現実の作業場面のヒューマンエラーはもっと複雑であり、またエラー率も実験場面よりずっと低い。

　したがって、指差呼称によりどの程度ヒューマンエラーを防げるかを予測するのは難しい。

　指差呼称のヒューマンエラー防止メカニズムは、指差しの効果と呼称の効果のそれぞれに分けて以下のように考えることができる。

【指差呼称のヒューマンエラー防止メカニズム】

① 指差しにより視線および注意を対象物に向けることができる。

② 指差しにより行為を遅くすることができる。

③ 呼称により記憶が促進される。

④ 呼称による音声の聴覚フィードバックによりエラーに気づきやすくなる。

⑤ 指差運動や呼称運動により注意の低下を防ぐ。

これらのうち②以外は、鉄道労働科学研究所の飯山 [4] の指摘にもとづくものであり、②は前述の芳賀らの指摘による [3]。ヒューマンエラーが発生しやすいのは、基本的にその場面での適切な行為や判断が制御処理で行わなければならない場合である。

したがって、「①指差しにより視線および注意を対象物に向けることができ」れば、制御処理をうまく働かせることができ、ヒューマンエラーを防ぐことができる。

また、制御処理は自動処理よりも時間がかかるため、急いで行為や判断を行おうすると制御処理が完遂する前に行為や判断を行わざるを得なくなり、処理の速いその場面では不適切な自動処理に乗っ取られてしまう可能性が高まる。

したがって、「②指差しにより行為を遅くすることができる」ので、適切な制御処理が完遂する可能性が高くなりヒューマンエラーを防ぐことができる。

「③呼称により記憶が促進される」は、行為をしたか、していないかがわからなくなってしまう行為のモニタリングに関するものである。

「④呼称による音声の聴覚フィードバック」によるエラーの気づきも同様にエラーのモニタリングに関するものである。

したがって、ヒューマンエラーや行為そのものの発生というより、それが実施されたか、誤っていなかったかのモニタリングに関するものであるため、3.4節のヒューマンエラーの発生メカニズムの問題とは異なる。ただし、行為の結果をモニターできれば損失を生じる前にヒューマンエラー後の対応ができ、

ヒューマンエラーの連鎖を防ぐことができる可能性がある。

「⑤指差運動や呼称運動により注意の低下を防ぐ」は、注意の持続力の問題に関係する。私たちは一定時間、制御処理に注意を持続して向け続けることができない。このため、注意を持続しなければならない場面では、前述の「お」を1分間書き続ける場面のように、制御処理に向ける注意量が減衰し、「あ」や「む」などの類似パターンのヒューマンエラーを生じさせる可能性が高まる。指差しや呼称により生じる運動が持続的な注意の減衰を防止し、注意力を維持するように働くことが考えられる。

指差呼称のヒューマンエラー防止効果は前述したように信号に対するボタン押し実験で確かめられているが、【指差呼称のヒューマンエラー防止メカニズム】(p.81)が本当に働いているかどうかをはっきりと検証した研究は少ない。筆者も指差しの視線や注意焦点化効果を確認するための研究として、たくさんの点を数える課題を指差しあり条件となし条件で比較したり、行為を無理やり遅らせることにより指差しによる行為遅延効果と同じ状況でヒューマンエラーが減るかどうかを確認したりしているが、まだはっきりと指差呼称のヒューマンエラー防止メカニズムを検証できたとは言い難い[5][7]。

指差呼称は、鉄道を起源としてさまざまな産業で長年使われているものであるし、検証はまだ十分されていないにせよヒューマンエラーの認知的なメカニズムからもヒューマンエラー防止効果が期待できる。

4.1.2　指差呼称がおろそかになる原因

指差呼称はヒューマンエラー効果が期待できるにもかかわらず、研究所に勤めていた頃に鉄道事業者から、指差呼称がおろそかになっていたり、人によっては決められたところでもしていなかったりするため、どうにか徹底できないかという話をよく聞いた。これは、運転士や車掌、作業者にとっては、指差呼称をしたからといって、すごくヒューマンエラーが防止できているという実感がわかないところに原因がある。

あるルーチンワーク場面でヒューマンエラーが生じる確率は非常に低い。そのため、指差呼称をする、しないにかかわらず、そもそもヒューマンエラーが

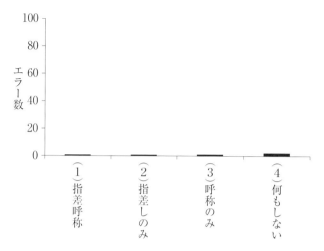

図 4.3　図 4.2 の芳賀らの実験結果、縦軸を 100 とする回数に変えたグラフ

発生する確率そのものが低いのである。前述の芳賀らの実験でも、何もしない場合であってもエラー率は 3% 未満である。縦軸 100 回を上限とする回数にしてみると、100 回中のエラー回数はどの条件も微々たるものである（実際芳賀らの実験では各条件 100 回ずつ課題を行っている）（図 4.3）。もちろん、統計学的には条件ごとに意味のある違いが現れているのであるが、実験参加者も大きく指差呼称のヒューマンエラー防止効果を感じることはできなかったのではないだろうか。

　実験課題は、問題となる課題場面を抽象化し、対象とする現象がより明確に現れやすいよう工夫することが多い。したがって、実験効果が立証されていたとしても、普段の作業場面で指差呼称のヒューマンエラー防止効果を体感するのは難しい。

　そこで、研究所にいた頃に同僚とともに指差呼称のヒューマンエラーを体感するゲーム課題のようなものを開発した [8]。

　これは、上述の 5 つの指差呼称のヒューマンエラー防止効果をそれぞれ実験課題のようなゲームを通して体感するものである。安全研修などで、指差呼称のヒューマンエラー防止効果を体感することにより、普段の作業の中での指差

呼称実施を促進する目的で用いられている。

4.2　危険予知トレーニング（KYT）（S-L、L-L）

4.2.1　危険予知トレーニングとは

　危険予知トレーニング（Kiken Yochi Training：KYT）は、作業や作業場面を想定する、作業場面のイラストや写真を用いるなど、その場面で生じ得る事故やヒューマンエラーを予測し、場面の中に含まれる事故やヒューマンエラーに対する注意力を高めるための安全訓練である。

　「研修として定期的にグループで実施する」「作業に入る前に作業グループで実施する」「1人で行う」など、やり方はさまざまである。

　グループで行う危険予知トレーニングとしては、事故やヒューマンエラーの予測だけではなく4段階のグループディスカッションで事故防止のためのチームの行動目標まで考えるKYT基礎4ランド法が知られている[9]。

　危険予知トレーニングにより実際に作業場面でヒューマンエラーの危険に気づきやすくなり、事前にヒューマンエラーを防ぐことができるようになったかどうかを検証した研究は少ない。

　危険予知トレーニングを行った後に、トレーニング効果に関する主観的な感想を求めるものがある[9][10]。これらの結果の多くは危険予知トレーニングに対する好意的な感想が得られているが、このような安全研修を受ける作業者の多くは研修を好意的なものとして捉えようとする傾向が強く、よほどひどい研修でなければ何らかの効果があったと感じる者がほとんどである。

　客観的な指標を用いた研究には、危険予知トレーニングの前後で危険の予測数や予測内容を比較したものもある。そこでは、危険予知トレーニングにより危険の予測数や危険への対応に違いが見られている[12][13]。ただし、これも同様のトレーニングやテストの成績向上であり、実際の仕事場面の危険感受性向上に繋がっているかどうかはわからない。

　ヒューマンエラーのメカニズムをベースに考えるならば、危険予知力が高まると、ヒューマンエラーを起こす状況を予測でき、その状況に注意を向けるこ

とにより制御処理を働かせヒューマンエラーを回避できる可能性が高まるといえる。しかし、危険予知トレーニングによって、本当に想定された作業や作業場面でのヒューマンエラーの危険を予測できるようになるのだろうか。

現在、実施されている多くの危険予知トレーニングでは、想定された作業や作業場面を前に複数名がヒューマンエラーを予測し、指摘する方法がとられている。

これらの予測は、本人の職場や日常の直接経験や他者の経験を事故報告やヒヤリハット報告などで聞いた間接経験にもとづく。したがって、十分に多様な経験を積んだメンバーがチームに含まれていれば、それなりにメンバー間で経験を共有することにより起こり得るヒューマンエラーの予測のバリエーションが増える。また、それらに注意を向けられる可能性は高まる。

4.2.2　危険予知トレーニング（KYT）の限界と利点

チームに多様な経験を積んだメンバーがいない場合は予測のバリエーションは限定的にならざるを得ない。これでは効果的にメンバーの危険予知能力を高めることはできない。仮に経験豊富なメンバーがいたとしても、危険の予測がメンバーの経験にもとづくものであるならば、経験したことのあるヒューマンエラーの予測しかできない。そのため、起こったことのない、またはあまり知られていないヒューマンエラーは予測されず、注意を向けることができない。

また、起こりそうなヒューマンエラーを予測し、注意を向けることは当該のヒューマンエラーを防止するうえでは効果があるが、逆に、何かに注意を向けることにより注意を向けていない部分のヒューマンエラーを見逃す可能性を高める危険もある。

3.6.3 項「注意を向けないものには気づかない」の「見えないゴリラ課題」で経験したように、私たちは何かに注意を向けると注意を向けたものに対しての処理はよりうまくできるようになるが（すでに身に付いた自動処理に向ける再投資は除く）、注意を向けていないものに対する処理についてはゴリラが通ったのにさえ気づかないくらいおろそかになるのである。

それでは、時間をかけて作業場面に含まれるありとあらゆるヒューマンエ

ラーの可能性を網羅的にあげていけばいいかというと、そもそもすべての可能性を想定することなど不可能である。仮にある程度網羅的に想定したとしても、私たちの注意量には限りがあるため、すべてのヒューマンエラーに注意を払えるわけではない。

　もしも山ほどのヒューマンエラーがあがるのであれば、当該の場面に遭遇すれば自動処理で無意識にヒューマンエラーの可能性が次々と頭に浮かび無意識に注意が向けられるくらい訓練を繰り返す必要があるかもしれない。

　さらに、ヒューマンエラーの可能性を知ることと、ヒューマンエラーに注意して慎重に作業することは違う。危険を知れば慎重に対処しようとする人と、危険を知っても効率を求めて危険な行動をとる人がいる。

　すべての可能性を想定し、すべてに注意を払い慎重に対処することが不可能だとしても、あらかじめヒューマンエラーの可能性を具体的に知り、注意を向けることができれば、想定したヒューマンエラーの発生を低下させることはできそうではある。

　ただし、上述のような欠点も含まれるため、効果的な危険予知トレーニングを行うためには、いくつかの工夫が必要である。

　例えば、以下のような工夫である。

【効果的な危険予知トレーニングを行うための工夫】

① 　起こり得るヒューマンエラーの直接的、間接的経験を日々増やすよう努力する。

② 　さまざまな人と一緒に危険予知トレーニングを実施することにより多様なヒューマンエラーの気づきを共有する。

③ 　想定されたヒューマンエラーの可能性を謙虚に受け止め慎重に作業を行う。

④ 　想定された以外のヒューマンエラーの可能性もたくさんあることを認識する。

4.3　コメンタリー・オペレーション(S-L、L-L)

4.3.1　安全運転法、コメンタリー・ドライビング

　見えたもの、気づいたもの、自分がしていること、しようとしていること、すぐ後に起こるかもしれないことなどをぶつぶつと声に出して運転する安全運転訓練法もしくは安全運転法をコメンタリー・ドライビングという。

　もともとは訓練を受けているドライバーが行うことにより指導者が問題を把握するために、あるいは、指導者が行うことにより訓練を受けているドライバーが注意しなければならないポイントを理解するために用いられ始めたものである[11]。

　しかし、コメンタリー・ドライビングを行うと危険に気づきやすくなり、危険行動が減るという効果があることが明らかになり[11][12]、運転訓練にも導入されるようになった。実際、藤本らの研究では、コメンタリー・ドライビングを繰り返すことにより、徐々にコメントが増えることが報告されている(図4.4)[11]。コメントが増えるということは、コメンタリー・ドライビングにより危険に気づきやすくなっていることを示す。ただし、これも実際の運転場面の危険感受性が向上しているかどうかはわからない。

　このように、ある場面を見て気づいた危険を報告する訓練により、危険に気づきやすくなるというのは危険予知トレーニングと似ているが、危険予知ト

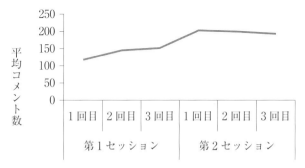

藤本・東[11]のデータをもとに作成

図4.4　コメンタリー・ドライビングの回数ごとの平均コメント数

レーニングが設定した場面のイラストや写真を見ながら危険を指摘する静的なものであるのに対し、コメンタリー・ドライビングは報告者が運転しながら気づいたことを次々と声に出す動的なものである点が大きく異なる。

　また、コメンタリー・ドライビングで報告されることは、しようとしている行為や意図、気づいたことなど危険に関することに限定されないところも危険予知トレーニングと異なる点である。

4.3.2　製造現場におけるコメンタリー・オペレーション

　コメンタリー・ドライビングは運転場面の気づきを高めるために開発され、用いられている方法であるが、工場やプラントでの機器操作、現場作業などに応用することができる。

　作業中に、目に入ったもの、気づいたもの、自分がしていること、しようとしていること、すぐ後に起こるかもしれないことなどをぶつぶつと声に出して作業を行えば、危険への気づきや、危険行動の減少という効果が期待できるだろう。この場合、コメンタリー・ドライビングというよりもコメンタリー・オペレーションという名称のほうが適切だろう。

　ヒューマンエラーの認知科学的メカニズムに照らしてコメンタリー・オペレーションのヒューマンエラー防止機能を考察する。

　コメンタリー・オペレーションのヒューマンエラー防止機能の1つは危険予知トレーニングと同じように場面の危険に気づき、それらに注意を向けることにより、その場面の制御処理にもとづく行動がヒューマンエラーとなることを防ぐ効果である。

　しかし、危険予知トレーニングの場合と同じように、同時に注意を向けられる量が限られていることや、すべての危険を想定することは難しいため、すべての危険に注意を向けることはできないという限界はある。

　そして、注意を向けられなかった危険に関しては見えないゴリラと同様に大きく目立つ危険であっても完全に見過ごされてしまう可能性がある。

　コメンタリー・オペレーションの2つ目のヒューマンエラー防止メカニズムは、声に出して報告しながら作業を行うことによる制御処理の強化である。コ

メンタリー・オペレーションでは、作業を行いながら、気づいた対象を声に出す。また、今実行している、または今から実行しようとしている行為を声に出して報告する。行為を声に出して行うことは、その行為そのものを注意し意識することになるため、制御処理を促進する。

4.3.3　コメンタリー・オペレーションが欠点になるケース

　声に出して報告すること自体が逆に欠点になってしまうこともある。

　1つは、十分に習熟した自動処理による行為を声に出してコメンタリー・オペレーションしようとすると、慣れた行為自体がぎこちなくなり、ヒューマンエラーを引き起こしてしまう可能性が生じることである。慣れた自動処理による行為に対して行うコメンタリー・オペレーションが「分析による麻痺」を引き起こしてしまうのである。

　2つ目は、コメンタリー・オペレーションを実行しようとすることそのもので注意量を消費してしまうために、制御処理に向けるべき注意量が減ってしまう場合である。こうなると、声に出して報告すること自体が欠点となる。

　ある程度複雑な作業する際にいちいち気づいたことややろうとすることを声に出してやってみてほしい。コメンタリー・オペレーション自体にかなりの負荷が感じられると思う。実際に、コメンタリー・ドライビングを行うと危険に対する反応が遅れるという研究もある[13]。

　コメンタリー・ドライビングを普段からやっている人はいないだろうから、コメンタリー・ドライビング自体は制御処理である。したがって、不慣れなコメンタリー・ドライビングは相当な注意を必要とする。コメンタリー・ドライビングやコメンタリー・オペレーションは少なくともこれらの報告をすること自体が自動処理になるくらいに練習した後に実行すべきである。

　また、あくまでもコメントすることは副作業である。主たる作業であるドライビングやオペレーションに十分に注意しなければならない。したがって、即座に対応しなければならない事態が生じたらコメンタリーを中断して危険回避に集中するようにしなければならない。

　「そんなことは当たり前だ」というかもしれないが、人はときどき本当にや

るべきことを無視して、目の前の事柄に囚われてしまうことがあるのが怖いところである。

4.4　ダブルチェック(S-L)

4.4.1　さまざまなダブルチェック

　ヒューマンエラーの発生メカニズムは、私たちが効率よく、かつ柔軟に生きるために用いているシステムそのものである。そのため、私たちが効率よく、かつ柔軟な生活をしている限りは、ヒューマンエラーを完全に防止することは非常に難しい。

　しかし、ヒューマンエラーの発生を完全に防ぐことができないとしても、ヒューマンエラーを早い段階で発見し、修正することにより、ヒューマンエラーを事故につなげないようにすることはできる。

　このため、私たちはやった作業にヒューマンエラーがないかをもう一度確認する。これがダブルチェックである。

　やったことをもう一度以上確認すれば、それは広い意味でダブルチェックといえるため、具体的なダブルチェックのやり方はさまざまである。

　作業後に作業をした本人が確認する場合もあれば、作業をした人とは別人が確認する場合もある。また、作業後の確認に加えてもう一度本人または別人が確認する場合や、2名の作業者が同時に確認する場合、単に目で見て確認するだけでなく、チェックリストを参照しながら確認する場合、指差喚呼をしながら確認する場合などもある。チェックリストを用いる場合でも、2人のチェック者が同じチェックリストを用いる場合と別々のチェックリストを用いる場合もある。

4.4.2　ダブルチェックとクロスチェック

　一言でダブルチェクといっても共通するのはもう一度確認するということだけで、細かな点ではダブルチェックの意味するものは人によってかなり違っている。

　そもそも、英語の double check や double-check も、もう一度確認する、や再確認程度の意味の日常用語であり、厳密な定義はない。

　ダブルチェックと対比してクロスチェックが引き合いに出されることがたまにある。このクロスチェックも、英語の cross-check は「照合する」程度の意味であり、ダブルチェックと対比して考えるものではない。「クロスチェックはいいが、ダブルチェックはダメ」などという議論を耳にすることがあるが、この場合、ダブルチェックやクロスチェックをのやり方をかなり独断的に限定して考えているようで、違和感を覚えることがある。

4.4.3　ダブルチェックの形骸化

　どのようなダブルチェックであるにせよ、作業後にもう一度作業のできを確認することは、確認しないよりは事故に至る前にヒューマンエラーを発見し、修正する可能性が高くなる。したがって、事故防止には有効である。

　しかし、ダブルチェック自体も行為であるため、ヒューマンエラーの可能性から逃れることはできない。

　すなわち、ダブルチェックでヒューマンエラーがあるかどうかを確認する際に、ダブルチェック自体にヒューマンエラーが発生し、あるはずのヒューマンエラーを見逃すことがある。もちろん、ダブルチェックのヒューマンエラーには、存在しないヒューマンエラーがあったように勘違いしてしまうものも考えられるが、ここでは圧倒的に多い、ダブルチェックにおけるヒューマンエラーの見逃しを考える。

　ダブルチェックのヒューマンエラー、すなわちエラーの見逃しのメカニズムも、ヒューマンエラーのメカニズムと同様である。ダブルチェックをヒューマンエラーの発生メカニズムに当てはめてみると次のようにダブルチェックの見逃しのメカニズムを説明することができる。

　ヒューマンエラーがあるかないかの確認、すなわちダブルチェック自体は制御処理である。このため、十分に注意を向ける必要があるが、注意が向けられないと簡略化した自動処理的な形だけのダブルチェックになってしまう。そうなると、自動処理化された思い込みによる見間違いが割り込んでくる。

　まず、自動処理的な「形だけのダブルチェック」について考える。

　自動的な形だけのダブルチェックにおいては、行為のみが自動処理で行われ、実質ヒューマンエラーであるかどうかの意味的な照合が頭の中で行われていない。つまり、形骸化しているのである。形骸化の問題は、これまでに述べた指差呼称や危険予知トレーニング、コメンタリー・オペレーションにも当てはまるものであるが、特にダブルチェックの形骸化は現場の作業者からよく指摘される。

　なぜ、ダブルチェックは形骸化してしまうのであろうか。まず前提として、「人は誰もヒューマンエラーから逃れられない」といっても、やることのほとんどはヒューマンエラーではなく、うまくいっている。筆者もヒューマンエラーが多いほうだが、それでも圧倒的にうまく行っていることのほうが圧倒的に多い。

　例えば、キーの打ち間違いが多いからといって、筆者が入力する文章の９割方が打ち間違いであるわけではない。そうであれば、本など書いていられない。いくら筆者でもほとんどの行為はちゃんとうまくやれているのである。だとすると、ヒューマンエラーがあるかどうかをダブルチェックしても大抵の場合、「ヒューマンエラーはなかった」ということになる。

　ダブルチェックしてもヒューマンエラーがないパターンを何度も繰り返して行うと、ダブルチェックしてもヒューマンエラーがないというパターンが自動処理化されてしまう。そうなるともう１つひとつに注意を向けてダブルチェックしようとしても、脳は自動処理モードで形骸化したダブルチェックまっしぐらとなる。

　自動処理化を防ぐには、ときどき、意図的なヒューマンエラーをダミーで入れておき、「ダブルチェックする－ヒューマンエラーなし」というパターンが続かないようすればいいのかもしれない。そんな面倒なことは現実にはやっていられないだろうが……。

　形骸化以外の問題としては、制御処理であるダブルチェックに注意が十分に向かないという問題がある。このダブルチェックに注意が向かない要因は、ヒューマンエラーのメカニズムで考察したものがそのまま当てはまる。⑥急い

でいるとき、⑦忙しいとき、⑧緊張しているとき、⑨注意を向け続けなければならないときである（表3.1、p.39）。普段の作業場面を思い浮かべてもらえば、ダブルチェックがうまくいかない、すなわちヒューマンエラーを見逃してしまうヒューマンエラーが発生する場面として、これらがピッタリ当てはまることがよくわかる。

　また、脳は、間違っているという情報を嫌い、合っているという情報を好む。これは3.5.6項で述べた確証バイアスである。確証バイアスは、ダブルチェックの場面にも当てはまるのである。ダブルチェックをしていても、私たちは無意識のうちに自分は合っているという安心を得られるような情報を求め、間違っているかもしれないという不安を掻き立てる情報を見ないようにしている。これもダブルチェックの見逃しを作り出す要因である。

4.4.4　複数チェックによる社会的手抜き

　自分の作業を自分で確認する以外に、別の人が自分の作業をもう一度確認してくれる場合や、逆に自分が別の人の作業をもう一度確認するという複数名によるダブルチェックが行われる場合には、注意を向けさせないもう1つの大きな要因が関係してくる。複数作業にありがちな危険性が出てくるのである。いわゆる、匿名性による社会的手抜きである。

　ヒューマンエラーの見逃しにより事故が起こると、2人では足りないから、さらにもう1人、さらにもう1人という具合に、どんどん確認者や確認回数を増やす方向の事故防止対策が取られることがある。このように複数名、すなわち集団、大げさにいうならば社会で作業を行う場合、自分個人の作業のでき不できが露見しにくくなる。すなわち、匿名性が高くなるわけである。

　自分が全力を尽くしても尽くさなくても、その結果が露見する可能性がない場合、個人としてはあまり労力をかけずに、他人のがんばりに期待するほうが近視眼的には得である。このため、集団（社会）で作業を行うと、個人で作業を行うときに比べて、1人ひとりの作業成績が落ちてしまうという問題（社会的手抜き）が発生する。

　もちろん、1人ひとりの作業成績が落ちても、1人でやるよりも全体の作業

成績は高まる場合のほうが多い。例えば、1人でできる作業量が1であり、それが2人でやると、それぞれ0.8ずつになったとしても0.8×2＝1.6で、1人でやる1の仕事よりも2人でやる1.6の仕事のほうが多い。しかし、1人で1の仕事ができるのであれば、2人が1人ひとりでやる仕事を行えば2の仕事が期待できるはずである。これが「社会的手抜き」である[14][15]。

　人数が多いほど、匿名性は高まるため、個々のダブルチェックの見逃しエラーの可能性は増える。個々のダブルチェックの見逃しエラー率が高まるとしても、全体の見逃しエラー率が1人で行うよりも低ければ、そしてダブルチェックによるコストの問題を考えなくていいならば、できるだけたくさんの人でダブルチェックをやったほうがいいことになる。

　しかし、社会的手抜きによる個々の見逃しエラー率の低下を考慮した際に、全体としては何人でダブルチェックするのが最適の効果を得られるかと考えたくなる。ところが、これがまた行う課題や作業の難易度や含まれるヒューマンエラーの可能性などにより、そして、行う人のダブルチェック能力や見逃しエラー傾向、行う人同士の関係などにより、結果は大きく変化する可能性があるために、一概にはいえない。

　ダブルチェックの人数や回数を増やすことよりも、個々のダブルチェックの成果がはっきり見えるようにする。また、個々のダブルチェックそのものの精度を上げるために、上述のダブルチェックのヒューマンエラーの発生要因を減らす工夫をするほうがいい。

4.5　タイムアウト（S-L）

4.5.1　病院の「術前休止」と「大休止」

　「日常で使われるタイムアウト」は野球やサッカーで要求する一時休止であるが、「ヒューマンエラー防止のタイムアウト」は手術の際に皮膚切開を行う直前の短い時間（1分以内）の術前休止（surgical pause）と、さらに時間をかけて行う大休止（extended pause）を意味する。

　医療における手術を例にとると、術前休止では手術チーム全員（執刀医、麻

酔科医、看護師、その他すべての関係者）が、患者が正しい患者であること、予定手術部位と予定手術内容を口頭で確認する。

　大休止では患者が正しい患者であることや手術部位の確認に加えて、実施される手術の重要な情報についてチームメンバーで検討する（extended pause）[16]。

　手術（作業）の前に作業箇所や手順を確認するだけならば、個人でタイムアウトをとり、もしくは全員が同時にタイムアウトをとり、個人がそれぞれの作業箇所を手順を確認すればよいのであるが、全員でこれを実施するのはタイムアウトによりチームメンバーの良好なコミュニケーションと良好なチームワークの促進を図るという意味もある。

　手術前のタイムアウトが、予防的抗菌薬の選択や実施タイミングの間違いを減らし、術中体温や適切な血糖値に維持に効果があることが報告されている[17]。

　ヒューマンエラーの認知科学的なモデルから見て、タイムアウトの効果は何だろうか。スピーディに進められることにより制御処理への注意が十分に向けらず自動処理に委ねられがちになった場合、ヒューマンエラーの発生確率は高まる。このような場面において作業を止めることにより、制御処理が主権を回復することを助ける機能がタイムアウトにはある。

　また、チーム全体、すなわち複数名で確認することによりタイムアウトがダブルチェックと同様の機能を果たすことも期待できる。ただし、この場合、ダブルチェックの欠点である社会的手抜きのリスクも背負うだろう。

4.5.2　チェックリスト

　3.5.11項「「後で〜する」はできそうだができない」で述べたように、やるべき手順であってもそれを思い出させるような手がかりがはっきりと示されていなければ、し忘れのリスクは少なからず存在する。

　さらに、一度自動処理による思い込みに行為や判断が支配されてしまうと、自分の判断が正しいという情報ばかりに目が行く確証バイアスが働くため、単に作業を止めて確認するというだけでは思い込みから脱することができるとは限らない。

　このため、タイムアウトの際の確認には、チェックリストが用いられること

が多い。チェックリストはやるべきことを思い出させる手がかりでもあり、確認すべき事柄を意識化させ確証バイアスから脱するチャンスを私たちに与えてくれる。

4.5.3　製造現場のタイムアウト

　タイムアウトは特に病院で用いられているものであるが、重要な作業の前に作業チームで手順を確認することは、各種工場や現場作業などでも行われている。ただし、病院のタイムアウトのように作業の直前に全員が手を止めて、もう一度確認するというよりは、作業開始前のミーティングやブリーフィングでチームのリーダーから手順が説明され、それらを他のメンバーが確認するという形態が多い。

　メンバー全員でのコミュニケーションとしては、この作業前のミーティングの際に、危険予知トレーニングのように作業に含まれる危険をディスカッションするという方法がとられることもある。

　いずれのやり方が優れているかは一概にはいえないが、作業直前に手を止めて、チェックリストを用いてチーム全体で手順確認をするタイムアウトを病院以外の作業場面で用いることは可能であるし、病院と同じようにヒューマンエラー防止効果が期待できるだろう。また、逆に病院でも作業の確認の際に危険予知トレーニングのように危険をディスカッションすることも可能であり、これにより危険に対する意識を高めることは可能だろう。

　ただし、ヒューマンエラーの防止対策には作業効率を阻害するコストが必ず存在し、これを無視すればせっかくのヒューマンエラー対策がそのうち行われなくなってしまったり、形骸化してしまったりして意味がなくなってしまう。何でもやってみようというだけではなく、効率コストと安全効果のバランスを十分考えて導入を検討する必要がある。

4.6 ヒヤリハット報告(S-L、L-L)

4.6.1 事故情報とハインリッヒの法則

　事故や事故を起こしそうになったヒヤリハット事象を周知することにより、類似の事故を起こさないよう注意を促し、事故やヒューマンエラーの防止を図ろうというのがヒヤリハット報告制度である。ここでいうヒヤリハットとは、事故にはならなかったがヒューマンエラーを起こした(事故を起こしそうになった)、またはヒューマンエラーを起こしそうになったというような事象である。ミスにヒヤリとする、あるいはハッとする事象ということから「ヒヤリハット」と呼ばれる。

　もちろん、ヒヤリハットまで対象としなくても事故情報を周知するだけでも十分注意喚起による事故防止効果があるのではないかと思われるかもしれない。しかし、私たちが普段よく目にする交通事故のニュースとは違い、1工場や1病院で生じる事故や労働災害の数はかなり少ない。1工場や1病院では5年も10年も大きな事故が生じないことはざらにある。

　大きな事故が稀にしか生じないからといって事故の危険がないわけではない。よく引き合いに出されるものに、大きな傷害を伴う事故が1件発生するとき、小さな傷害を伴う事故は29件、傷害を伴わない事故は300件発生していると言われる[18](図4.5)。これは産業安全にかかわっているものならば誰しもが唱えるハインリッヒの法則というものである。ただし、この数値自体は条件により変わるためそれほど意味はない。ハインリッヒの法則が示しているのは事故の数より、ずっと多くの(指数関数的な数の)ヒヤリハットが生じているということである。

　ヒヤリハットが損失を伴わない表面上は軽微な事象であったとしても、ヒューマンエラーの結果が損失を伴わないヒヤリハットで終わるか、損失を伴う事故になるかどうかは、その場の状況やちょっとした行為の強さの違いによることが多い。すなわち、同じようなヒューマンエラーでもたまたま事故になる場合もあればヒヤリハットで済む場合もあるのである。

　例えば、コンビニエンスストアの駐車場でブレーキとアクセルを踏み間違え

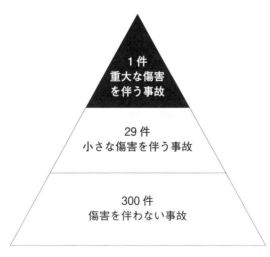

図4.5　ハインリッヒの法則

るというヒューマンエラーを起こしても、車止めで止められ、すぐに気づいて
ブレーキを踏んだという場合は、事故は生じずにヒヤリハットで終わる。

　しかし、たまたま車止めがなければそのままコンビニに突っ込んだという事
故になっていたかもしれないし、車止めがあってもそれを乗り越えるくらい強
くアクセルを踏み続けた場合には車止めを乗り越え出てコンビニに突っ込んだ
という事故が生じるかもしれない。

　いずれの場合もブレーキとアクセルを踏み間違えるというヒューマンエラー
自体は同じものなので、損失を伴わないヒヤリハットだったからまったく気に
ならないというものではない。

　むしろ事故よりも数の多いヒヤリハット情報を収集し周知することにより、
より頻繁に注意喚起を行うことができる。また、事故は、個人や組織への心
的、物理的、金銭的、さまざまな意味での損失を伴う。できれば事故が生じる
前に注意を払いたいところである。ヒヤリハットの段階で注意喚起ができれ
ば、事故を起こさずに済むかもしれない。この意味でも、ヒヤリハット情報を
集め、周知することの意味は大きい。

4.6.2　ヒヤリハット報告制度の難点

(1)　報告してもらうのが難しい

　ヒヤリハット報告制度には2つの問題がある。1つは報告してもらうことが難しいこと、すなわちヒヤリハット情報の収集が難しいことであり、もう1つは報告されたヒヤリハットの周知が難しいことである。

　ヒヤリハットは事故と違い明らかな損失を伴わないため、経験した本人が報告しなければ誰にも知られずに終わる。事故のほうは程度にもよるが何らかの損失を伴うため、知られずに済ませておくことが難しい。また、こういう事故は報告すべしという報告規則がある企業が多い。

　他人の秘密のように話したくて仕方のない話ならば、話すなといってもいつしか誰もが知ることになるものであるが、自分が事故を起こしそうになった話を喜んで報告するのはヒューマンエラーの研究者くらいのものである。業務運転中にウトウトして駅を通過しそうになったと言ってしまったために、上司から注意を受けたり、運が悪ければ人事評価にも影響したりするかもしれない。すなわち、自分がヒューマンエラーを起こし事故になりそうになったなどという話は、自分の評価が下がる危険があることなので報告してもらいにくいものである。

　ヒヤリハットを報告することが人事評価につながる懸念があることから、匿名で報告するようにしているところも多い。しかし、匿名では報告しなくても報告していないことがわからないため、今度は報告の労を惜しんでしまう。これも社会的手抜きの1つといえる。

(2)　ヒヤリハット報告書作成自体が難しい

　ヒヤリハット報告をちゃんと書こうとするとかなりの時間と労力を要する。なぜなら一見単純なヒヤリハットでも相手が読んでイメージできるような報告をするのは難しいからである。人に話す場合は聞き手がわからないところを聞くことができる。また、聞き手の表情を見たりすることにより、話し手は話し足りないところを補うことができる。しかし、報告書を作成する際にはそのような読み手のフィードバックを得ることはできない。目の前にいない読み手に

わかるように書くためには目の前にいない読み手、しかも 1 人ではなく多くの読み手の立場で考えなければならないのだが、これは非常に難しい。

　ヒヤリハットが生じるような状況は大概自分がよくわかっている作業である。普段は多くの部分を自動処理で意識せずに行っている作業手順を意識化し、言葉にし、普段その作業をしていない人が本来はどうすべきであったところ、どのように違うやり方で行ったのか（ヒューマンエラー）を理解できるように記述するのは大変な作業である。

4.6.3　「なぜうっかりしたか」が大切
(1)　原因の掘り下げは難しい

　実際に、ヒューマンエラーが関係する事故やヒヤリハットを書いてみると、「ついうっかりして、〜してしまった」以上のことを書くことが難しいことに気づく。あなたは、「なぜうっかりしたのか」まで掘り下げて考えられるだろうか。「うっかりはうっかりだよ」と言いたくなってしまわないだろうか。これを掘り下げて考えるには、ヒューマンエラーのメカニズムに関する知識が求められる。

　よく「ヒューマンエラーは原因ではなく結果だ」と言われる。これは、「事故やヒヤリハットを起こしました。原因はついうっかり、すなわちヒューマンエラーだった。」で終わってしまっている報告に対する批判である。「ついうっかり」の原因まで報告しなければ意味がないということである。もちろん、まったく意味がないわけではない。原因がわからなくても、そういう事象が生じていること事態を知ることでも、少しは事故防止に注意を向けることができるかもしれない。

　「ついうっかり」の原因を想定することの難しさについて考えてみよう。まず、図 4.6 の文字部分を赤くぬってほしい。例えば、あなたは赤いインクで書かれた「あお」という字を見て（図 4.6）、字の色の名前（青）をできるだけ速く答えようとしたときに、それがただの色紙の色の名前を答えるよりもスムーズにいかないのはなぜかを説明できるだろうか。

　これはストループ課題と言われるものである。ストループという心理学者が

（文字部分を赤く塗ってください。）

図 4.6　ストループ現象の例

1935年に発表した論文[19]で有名になり、以後この課題はストループ課題、色紙の色を答えるよりも違う色のインクで書かれた色名単語のインクの色を答えるのが遅くなる現象をストループ現象またはストループ干渉と呼ばれるようになったものである。

　この課題をやった後に、なぜ違う色のインクで書かれた色名単語のインクの色を答えるのが遅くなるのかを説明してもらうと、大概そんなの当たり前「字があるから」「字につられるから」という答えが返ってくる。

　しかし、なぜ字があると字につられるのかと問うとそれ以上の答えは返ってこない。それは、これに答えるためには基本的な記憶の取り出し処理に関する知識が求められるからである。このストループ現象はうっかりミスと同じメカニズムで起きており、うっかりミスの原因を答えるためには、ストループ現象のメカニズムを説明できる知識を持っている必要がある。このため、ヒューマンエラーは原因ではなく結果であるといくら唱えられても、ヒューマンエラーという結果の原因の説明に窮してしまうわけである。

　ちなみに、事故やヒヤリハット報告は、事故やヒヤリハットを引き起こしたヒューマンエラーやその原因の説明までが本当に必要なのだろうか。事故やヒヤリハットの事象そのものの報告だけで、事故やヒヤリハットの注意喚起という意味では十分なのではないだろうか。これに関して、筆者が以前、予備的にやった実験がある[23]。研究としてはデータも少なく、条件の統制も不十分なので本当に試験的なものなのであるが参考までに紹介する。

(2)　理由がなければ「愚か者のミス」、理由がわかれば「自分事」

　実験課題は、事故の現象のみを記した事故ニュース文章を読んだグループと同じ事故のニュース文章に事故の原因となるヒューマンエラーとさらにそのヒューマンエラーの原因を記した文章を読んだグループのそれぞれに、いくつかの質問に答えてもらうというものである。

　ニュースはインターネットで見つけたものをアレンジしたもので、実際に実験に用いたニュースの 1 つは女子大生グループを乗せた自動車が夜中に高速道路をドライブ中、中央分離帯に乗り上げて死傷者を出すというものである。ネット上には本当にこの現象のみしかあげられていなかったので、考えられ得るヒューマンエラーとその原因は筆者が付け足した。

　実際、ネットでも新聞でもテレビのニュースでもほとんどの事故情報は、どんな現象が起こったかという話と、後は犠牲者がどんな人かという情報、あってはならないと怒る街の人の声しか報道されておらず、原因となるヒューマンエラーやその原因などはほぼわからない。

　実験で使ったニュースの例では免許を持っていたのがグループのうち 1 人の女子大生だけで運転疲れがあったこと、普段は軽自動車に乗っていたのにみんなで出かけるということで大きなワゴン車を借りて乗っていたということ、前方のトラックが遅かったので追い越しをかけたことなどを筆者が想像（創作）して付け足した。

　ニュースを読んだ後で答える質問のうち重要なものは、事故を起こしたドライバーの女子大生（事故者）の能力の低さに関するものである。すなわち、事故を起こしたドライバーの能力が低いと思うかを 5 点「非常にあてはまる」〜 1 点「まったくあてはまらない」の 5 段階で評価するというものである。

　結果は、現象だけを読んだグループのほうが、背景要因が示された情報を読んだグループよりも事故を起こしたドライバーの能力が低いと判断しがちだった（図 4.7）。この結果から人は、事故の現象のみを読むと、その事故は低能な人が起こしたものだと判断しがちであるといえる。

　実際、筆者が事故情報を読む立場でも同様のことが起こる。鉄道総合技術研究所で鉄道会社の労働災害や事故の事象のみの報告を読んだときや医療機能評

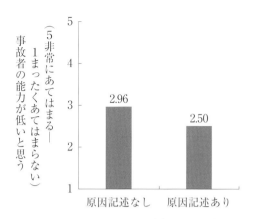

（出典）　Small, Loewenstein, and Slovic[23] のデータを元に著者作成
図 4.7　事故原因の記述の有無が事故者に対する能力認識に与える影響

価機構の会議で病院から上がってきたヒヤリハット報告を読んだとき、なぜこんなとんでもないヒューマンエラーを起こしてしまうのだろうと思ってしまうことが多々あった。筆者のようにヒューマンエラーの多い人間でも、こんなことはしないと思うような印象を受けることが、非常に多いのである。

　しかし、現場に調査に行き、その事象の原因、さらにその原因の原因を掘り下げてインタビューすると、これがまた、ほとんどがそういう事情ならば確かに筆者だってそうしてしまっていたかもしれないと納得するものである。

　すなわち、報告書に書かれている事象だけでは、とても自分も気をつけなければならないという気にはならないのである。そして、その原因の原因まで知って初めて、なるほどそれならば自分も気をつけなければと思うのである。

4.6.4　役に立つヒヤリハット報告書
(1)　平均以上効果の問題

　人は、大概自分が自分の所属するさまざまな集団の中で 1 番優れているとは思っていない。もちろん、そういう人もいるかもしれないが、大抵の人は「まぁ平均より少し上くらいではないだろうか」と思っている程度である。しかし、全員が平均以上だと思っているとするとこれは間違いである。

　例えば、車の運転は周りの人と比べて自分はどのくらいかと問われれば、すごく上手いとは思わないまでも平均以上の腕は持っていると思うのではないだろうか [21]。学校の成績などは明確に順位が示されてしまうために、そう思いにくいかもしれないが、格好よさや思慮深さ、気の利きよう、反射神経などはどうだろうか。企業の管理者はみな自分の管理能力は平均的な管理者以上だと思っている [22]。こういうものについてみんながみんな平均以上だと思っているというのが平均以上効果である。

　実際にはそんなことはあり得ない。みんなが平均以上だとすると、その平均とはいったい何を合計して何で割ったものだろうかということになる。みんなが平均以上ということはあり得ないのである。自分が一番だと思っている人も少ない代わりに、誰も自分が平均以下、すなわち低能だと思っている人もいないのである。

　だとすると、低能力者が起こしたと思われる事故やヒヤリハット情報を受け取っても、誰が「自分も同じような事故を起こさないように注意しなければ……」と思うだろうか。事故を起こした人は低能者だと思ってしまうような事故情報やヒヤリハット情報、すなわち事象のみを示した事故情報やヒヤリハットは事故防止効果が期待できないのである。

(2)　心に響くヒヤリハット報告書に必要なもの

　事象のみを記した事故情報やヒヤリハット報告では事故防止効果が小さい。かといってそれ以上の原因を記述するためには相手の立場で考え、さらにヒューマンエラーのメカニズムに関する知識を必要とするとなると、まともな事故報告やヒヤリハット報告は並大抵の人には書けないということになる。その結果、大抵は、1〜2行、こんなことをしそうになったという情報ばかりが集まってくる。しかも、どれも似たようなものばかりである。このようなヒヤリハット情報を集めたとして、次にどうしたらいいだろうか。

　集めたヒヤリハット報告は、類似事故の注意喚起として情報を公開するわけだが、数行の似たような報告を次々と周知しても注意喚起にはならないことは、誰の目にもわかる。そこで、種類ごとに分けたり、部署ごとに分けたり、

　月別に分けたりして分類ごとの件数を公表することになる。こんなヒヤリハットが、何月にどの部署で多く発生しているから気をつけましょうというものである。しかし、このようなデータは誰の心にも響かない。

　それでは心に響く事故情報とはどういうようなものだろうか。

　アフリカの飢餓を救うための寄付を募るという実験で、マラウィという国では300万の子供が飢えに瀕している、エチオピアでは千百万人以上の人が緊急に食料補助を必要としているというような統計データを示されても多くの寄付金が集められなかったという結果が出ている。

　それとは反対に、より多くの寄付を集めたのは統計データではなく、7歳のロイカという少女が深刻な飢えに瀕しているというような被災者が目に見えるようなストーリーであった（図4.8）[23]。すなわち、私たちの心に響くのは統計的データではなく、より具体的に関係者が目に見えるようなストーリーなのである。

　だとすると、ヒヤリハットの件数を増やして集計し、それを提示してもあまり意味はないことになる。それよりも1件1件、具体的にイメージができるような詳しい報告を提示したほうがいい。これについては、事故の原因分析の仕方でも関連のことを述べる。

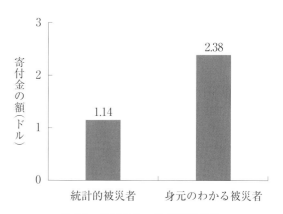

図4.8　身元のわかる被災者効果

(3)　口頭でのヒヤリハット報告とインフォーマルな情報共有

　ヒヤリハット報告を書くことは難しい。では、書く以外にヒヤリハットを報告する手段はないものだろうか。書くのは難しくても、対話であればもう少し上手に報告することができる。なぜなら、聞き手が目の前にいてわからないところをその場で聞くことができるからである。

　聞き手がたくさんいれば、それぞれが質問することにより多方面からの原因の掘り下げもできる。また、目の前で本人がヒヤリハットを語ることにより、被災者が本当に目に見えるわけであるから共感もしやすい。

　ただし、匿名性は完全に失われるため、人事評価などの懸念があるような場では話せない。仕事の一部としてのフォーマルな報告よりも、休憩や飲み会の席の気のおけない仲間同士のインフォーマルな談話で語られるようなものかもしれない。

　実際、鉄道現場の方たちからは、昔は詰所（運転士などの待機場所）で失敗談話がよく行われていたという話を聞いた。以前は、ヒューマンエラーや危ないなと思ったところ、自分なりの工夫などさまざまな情報がインフォーマルな談話の中で共有されていたということである。

　筆者などはちょうどそういうことがなくなってきた頃に研究所に入った世代だと思うのだが、それでも鉄道会社に出向した際に、出向先の課では昼ご飯はみんなで食べに出たり、残業もみんなで残ったり、その後飲みに行ったりと、古き良き風習が残っていた。早く帰りたくてもみんなが帰らないから帰れないなど「良き」とはいえない部分も多々あったし、筆者は付き合いのいいほうではなかったけれど……。

　今では、昼飯も仕事もアフターファイブもそれぞれである。課のみんなでの食事や飲み会を強要すれば煙たがれたり、下手すればパワーハラスメントになる可能性がある。休み時間はそれぞれがスマホをいじり……なんてことはどこの職場でも当たり前に見られる光景だろう。

　そんな中で古き良きインフォーマルな情報の共有や、ましてや自分のヒューマンエラー経験を語るなんてことは、自然に任せていたのでは起こり得ない。というわけで、安全研修などとしてフォーマルに、古き良きインフォーマルな

ヒューマンエラー談話を引き起こそうと、事故のグループ懇談という手法を鉄道の運転現場の方たちと作り上げたことがある[24][25]。作り上げたといっても、筆者は現場でやっていることに参加させてもらい、それをまとめただけだが……。

　内容の薄いヒヤリハット報告を数だけ集めても仕方がない。また書くという形式では相手の立場で考えながら書く文章作成力が要求される。「他人事ではない」と思えるようなストーリーに表現するのは難しい。ならば、いっそのことみんなで語り合う場を設けてしまおうというわけである。

　もちろん、文章形式の報告書も、匿名性が保たれ、記録として保存しやすいなど、文章ならではの良い点があるため、書くのをやめるわけではない。しかし、口頭の報告を導入することにより、繰り返し話す経験を積み、どういうことまで語れば相手に通じるのかという感覚が養われ、この経験により書くことも上手くなる可能性もある。

(4)　ヒヤリハット防止のマイナス面

　ヒヤリハット報告を書くことの難しさについて述べてきたが、集められたヒヤリハット報告をどう用いるかというところにも問題がある。ヒヤリハット報告は、幸いに事故に至らなかった多くのヒヤリハット事象を知ることにより、そこから派生していたかもしれない大きな事故を事前に防止することが大きな目的である。ハインリッヒの法則でいうならば、発生した300から学び1の発生を防ごうというところである（図4.9）。

　ところが、ヒヤリハット報告制度を設置している事業者の中には、1の大事故を防ぐために300のヒヤリハットを起こさないようにヒヤリハット防止を徹底しようとしているところがある（図4.10）。ハインリッヒの発想もそういうものであったようであるが[18]、膨大な数の小さなヒヤリハットを徹底的に失くすことは相当難しい。

　それはヒューマンエラーのメカニズムで述べたように、ヒューマンエラーは人が普段効率的にかつ柔軟に生きることを可能にしている自動処理、制御処理というシステムから生み出されるものであるからである。これらのいい面だけ

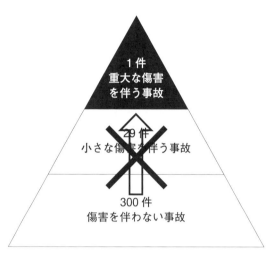

図4.9　ハインリッヒの法則から学ぶべきこと

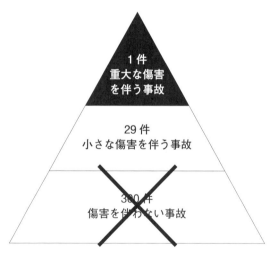

図4.10　ハインリッヒの法則の元々の考え（筆者は間違った考えだと思う）

を受け取り悪い面を失くす手立てで完全な勝利を収めたものはない。

　「だからといって、諦めることはない」と言うかもしれないが、ヒヤリハット潰しに専念することによる以下のようなマイナス面が考えられる。

【ヒヤリハット潰しのマイナス面】

① 　ヒヤリハット防止に注意を奪われることにより逆にヒューマンエラーを起こしやすくなる。

② 　大きな事故の発生に注意が向かなくなる。

③ 　ヒヤリハットや小さな事故を隠そうとする（学ぶ機会を失う。隠すために違反を重ねる）。

④ 　危険な仕事を避けるようになる。

　ヒヤリハット防止に注意を奪われることによりヒューマンエラーを起こしやすくなるのは、ヒューマンエラーのメカニズムで述べたように人が一度に注意できる量には限りがあるからである。これは不安が注意を奪うのと同じメカニズムである。

　ヒューマンエラーが起こりやすい場面では今やるべき事柄に注意を向けて制御処理を働かせようとしている。しかし、小さな事故やヒヤリハットの防止に注意を向けるのもまったく同じ注意領域であり、やるべき事柄に対する制御処理とヒヤリハット防止の両者が限りある注意資源を奪い合うことになる。とすれば当然ヒューマンエラーの発生リスクは高まる。

　多種多様のちょっとしたヒヤリハットの防止に注意を向けていたのでは、限りある注意量は枯渇し、現場作業者はヒヤリハット防止のストレスに萎縮することになる。そして、さまざまなヒューマンエラーの発生に注意が向かなくなるだけでなく、もっとも防ぐべき大きな事故の発生に注意が向かなくなる可能性も出てくる。

(5)　ヒヤリハット隠しと大事故

　さらにヒヤリハットや小さな事故を起こした際に、それを報告するどころか隠そうとするようになってしまう。こうなると、せっかく大きな損失が伴わずに済んだヒヤリハットや小さな事故から大きな事故の防止について学ぶ機会が失われてしまう。

　大事故の前に、類似の事象が発生していたのにもかかわらず、報告されていなかった、あるいは見過ごされてしまったというような事例はたくさんある。

　ヒヤリハット程度ならば、積極的に隠そうとしなくても、表沙汰にならないかもしれないが、小さな事故レベルだと放っておいてはいずれ露見してしまう可能性がある。

　小さな事故の発生にすらピリピリした職場では、罰則を恐れて発生した小さな事故を隠そうとする場合も出てくる。このために、より危険な賭けに出て違反を繰り返し、結果として大きな事故を引き起こしてしまうというようなこともある。

　2005 年に発生した JR 福知山線脱線事故は、小さな事故を隠そうとして生じた大事故の典型である[26]。この事故は、制限速度時速 70km の曲線区間に進入する際に運転士のブレーキが遅れたため、車両が脱線横転し近隣のマンションに衝突したものであり、これにより運転士を含む 107 名が死亡した。

　運転士のブレーキ操作が遅れた原因は、車掌と輸送指令員の無線会話などに注意がそれていたことだと言われる。車掌の無線に注意が向いていたのは、車掌と輸送指令員の会話の内容が、運転士が前駅で起こした停車位置オーバーに関することであったためであると考えられている。

　運転士は行き過ぎ事故を隠そうとして車掌に報告しないよう頼んでいたのである。また無線以外にも行き過ぎ事故の処罰について考えを巡らしていたのではないかとも考えられている。

(6)　懲罰ではヒューマンエラーは防げない

　停止位置のズレ自体は死傷者を出すような大きな事故ではない。もちろん、停止位置を直すなどの措置により運行に多少の遅れは生じるが、厳しい懲戒処分や見せしめ的な罰則（日勤教育と呼ばれていたものである）を課して、徹底的に取り締まるような事故といえるかどうか疑問である。停止位置の行き過ぎのような小さな事故の徹底的な取り締まりが、この大事故を招いた原因の 1 つであることは間違いない。

　逆に、小さな事象を徹底的に取り締まることにより、大きな事象の防止につ

ながる有名な話に割れ窓理論 (broken windows theory) と呼ばれるものがある[27]。これは、軽微な秩序違反などを徹底的に取り締まることにより、大きな犯罪まで防ぐことができるというものである。

しかし、割れ窓理論はヒューマンエラーに関するものではなく、犯罪に関する理論である。犯罪は、意図して行うものであるため、自分の意図とは異なる結果であるヒューマンエラーとは発生メカニズムが異なる。意図して行われる犯罪にメカニズムがやや似た事故関連事象は、意図的に行う違反といえる。

したがって、違反による事故を防ぐためには、小さな違反を徹底的に取り締まることは有効かもしれない。

しかし、ヒューマンエラーの発生に割れ窓理論が当てはまる理屈はない。

さて、このようなヒヤリハットの徹底的な防止志向は、企業体質や企業文化、経営上層部の考え方によるところが大きい。このため、先の JR 福知山線脱線事故の際には、西日本旅客鉄道株式会社の企業体質や安全文化が批判されたわけである。

しかし、企業が小さな事故ですら徹底的に防止、排除しようとする背景には、世間、一般の方企業や病院、個人のヒヤリハットや小さな事故を許せないという考え方があるように思われる。

企業としては、「小さな事故だから、大したことはなかった」とはなかなかいえない。企業が「小さな事故だから大したことはない」などといった日には、即 SNS やマスコミで大炎上、大バッシング大会が巻き起こるだろう。企業は大きな事故はもちろん小さな事故まで徹底的に防止する努力を日々行っていると言わざるを得ない。そうしないと、大きな事故を起こした際には、「小さな事故をおろそかにしているから、大きな事故を起こすんだ」と言われかねない。

本当に大事故を防ぐためには、逆に世の中が細かな事故にあまり厳しい目を向けない余裕も必要なのかもしれない。

4.7　フールプルーフ、フェールセーフ思想による道具・機器の導入、改良(H-L)

　これまでは、作業者が作業中または作業前後に作業の一環として行うヒューマンエラー防止対策(S-L)や、同時に作業者の意識づけや教育効果を狙うヒューマンエラー防止対策(L-L)について考察してきた。

　ヒューマンエラーの「認知科学」が筆者の専門なのでどうしても手順や教育のヒューマンエラー対策の考察が中心になる。

　とはいえ、機器や道具を導入することによるヒューマンエラー防止対策(H-L)についても SHEL モデルの発想にあるように、人が大きく関係していることから、最後にこれについて考察する。なお、もう1つの環境を整えることによるヒューマンエラー防止対策(E-L)については、3.5.10 項「整理整頓はヒューマンエラー防止にも重要」での考察を参照してもらいたい。

4.7.1　設計によるヒューマンエラー防止

　筆者がヒューマンエラー研究に乗り出した 1997 年頃は、人がエラーするのはもう防ぎようがない、人にエラーをするなという精神論的な対策ではダメで、人はエラーするもの、それを防止するのは環境の改善や機器や道具の改良、導入を積極的に行うことが一番重要であるという考えが主流であった。ヒューマンエラーは使いにくい道具のせいであり、道具の使いにくさを認知科学的に解明し、認知科学的に改善することが事故防止の最先端だった。

　筆者も当時荷役車両の業界紙に若気の至りで、ヒューマンエラーは自分のせいではなく、道具や物のせいだと考えようというような記事を書いている[31]。認知心理学の大御所であるノーマンが『誰のためのデザイン？（The psychology of everyday things)』を出版し、ユーザーの道具の使用ミスは道具がユーザーの使いやすいようにできていないためというユーザー中心設計の必要性を提唱した[29]。

　確かに、道具や機器がもう少し使いやすければ、うっかりミスをしないで済んだという場合も多いだろうし、道具によってはどうしたって失敗しないほう

がおかしいだろうというものもたくさんある。

　筆者が最近購入したプレゼンテーションソフトウェアのリモートコントローラーは棒状の先端の方から握った手元に向けて、スライドの戻るボタン、レーザーポインターのレーザー発射ボタン、スライドの進むボタンが並んでいる。これが筆者の「進む」「戻る」のイメージとは真逆なのである。

　おそらく、筆者だけではなく一般的には先端の方のボタンが進むで、手元のボタンが戻るというイメージを持ちやすいと思う。授業や講演の際に始終押し間違える。講演のときなどネタバラシをする前に少し前に戻って話の流れを強調しておきたいと思うことも度々あるのだが、ボタンを押し間違えてネタバラシをしてしまい、締まりのない話になってしまうこともたびたびである。

　機器や道具によるヒューマンエラー防止対策（H-L）の1つは、道具や機器を失敗しにくく、使いやすいものにすることだろう。

　ノーマンによれば、道具や機器が使いにくいのは、道具や機器のデザイナーが想定する道具や機器の使い方やイメージとユーザーが想定するそれとがズレているからだということである。デザイナーは、その道具や機器をデザインするくらいであるから、そのものの使い方や仕組みをよく知っている。これに対して、ユーザーは当該の道具や機器に関する知識はほとんど持っていないことも多く、デザイナーとはまったく異なる経験知からデザイナーが想定している使い方とはまったく異なる使い方を想定する可能性がある。

　デザイナーは自分たちとユーザーとの道具や機器に対するイメージが違うことを十分意識し、ユーザーのイメージを反映させた道具や機器のデザインをしなければならない。このために、実際に道具や機器の試作品（プロトタイプ）をユーザーに使ってもらうことにより、ユーザーが道具や機器の使用のどこで戸惑い、どこでミスするかなどを観察したり、インタビューしたりしながら、ユーザーのイメージを知ろうとするアプローチが考え出されている。これはユーザーテスティングやユーザビリィテストと呼ばれる。

　とはいえ、先のプレゼンソフトのコントローラーなどは、一般のイメージとは真逆になるデザイナーのイメージ自体が筆者にはとても想定できないのだが……。そんなもの、ユーザーテスティングをやらなくても自分で使えばわかり

そうなものだが……。

　そうはいってもデザイナーばかりを責めるわけにもいかない。デザイナーがユーザーのことをいくら知ろうとしても、すべてのユーザーのことを知ることはできないし、万人に使いやすいものを作ることはできないだろう。この意味で、一時期流行ったユニバーサルデザイン（universal ＝ 万人の）という言葉は、夢を持たせすぎるネーミングであったと思う。

4.7.2　フールプルーフとフェールセーフ

　デザイナーがどんなにユーザーのことを知っても、ユーザーが想定外の使用をしようとしたり、間違った使用をしようとしたりすることは避けられない。

　このため、ユーザーが間違った使い方をしようとしてもできないようにデザインするというアプローチ（フールプルーフ）や間違った使い方をすると求める結果を得られないだけでなく安全な結果に終わるようにデザインするアプローチ（フェールセーフ）が求められる[注4]。

　このようなアプローチによりデザインされた道具や機器は身の回りにたくさんあり、私たちのヒューマンエラーそのものやヒューマンエラーによる事故を防いでくれている。

　例えば、筆者の娘が小さいときに飲んでいた市販の液体飲み薬のキャップは子どもが間違って開けようとしても開かない仕組みになっていた。開けるためにはキャップを押しながら回す必要があり、これが子どもには難しいのだそうで、子どもには開けられないけど大人は開けられるということになっている。

　先日、携帯用のマウスウォッシュを買ったら、キャップが開かなくて不良品を買ってしまったと思ったのだが、よく見たら子どもの飲み薬と同様押して回すキャップであった。大人が携帯するマウスウォッシュを子どもが開けられないようにする必要はないが、この場合はカバンの中でキャップが緩んで書類がマウスウォッシュまみれになってしまうことを防ぐための措置だろう。子どもだけではなく、ほんやりした大人にも開けられない仕組みでもあった。

　鉄道には、運転士が赤（停止）信号を見落としても自動的にブレーキをかける自動列車停止装置（Automatic Train Stop：ATS）や、あるボタンやペダルか

ら手や足が離れると自動的にブレーキがかかるデッドマン装置や一定時間運転操作をしないと非常ブレーキがかかる緊急列車停止装置（EB装置）などがあり、これらはフェールセーフの発想で作られた機器といえる。

　デッドマン装置やEB装置は運転士が間違って運転台から離れたり、眠ってしまったり意識がなくなってしまったりした場合に、列車が停止するという安全な結果を生じさせるものである。

　その他にも、フェールセーフやフールプルーフ機器がたくさんある。例えば、最近の自動車には障害物や人を自動車の側が検知し、自動的にブレーキをかける機器やレーンを外れたことを検知し運転手に知らせる機器が付いている。

　家の中を見回しても、うちの洗濯機は運転中には蓋を開けられないようになっているし、風呂も設定した湯量を自分で検知して勝手に湯を止めてくれる。湯沸かしポットは空になると自動的に電源が切れるし、IHコンロも鍋やフライパンが外れると勝手に電源が止まる。冷蔵庫はドアを閉め忘れるとピーピーなる。

　ただ、ピーピーという電子音は冷蔵庫のドアだけではなく、電子レンジの温め完了時、湯沸かしポットも湯沸かし終了時、洗濯が終わったとき、ご飯が炊けたとき、加湿器の水がなくなったとき、あらゆる機器がピーピー音を出す仕組みになっている。ピーピー鳴ると「どれだよ」と怒鳴りたくなる。風呂だけは、ピーピーではなく「お風呂が沸きました」といってくれる。風呂以外は、SHELモデルが提案している「どの対策も人を中心に考えなければならない」というアイデアがあまり活かされているとはいえない気がする。

　これだけ過保護にいろんなピーピーに守られていると、おそらく筆者の意識はかなり機械にお任せモードになっている可能性がある。また、洗濯機など、途中でちょいと靴下の１つでも追加で放り込みたいと思ったときに、いちいち止めなければならないのは煩わしく感じたりする。

　このように、ヒューマンエラー対策の導入により安心感が増し、危険意識が低下してしまうことや面倒やコストが増すことは、機器対策に限らず生じることである。これらのヒューマンエラー防止対策全般に共通する事柄については、ヒューマンエラー防止の基本的な考え方として次節で検討する。

4.8　ヒューマンエラーを防ぐ基本的な考え方

　これまで、世の中で用いられているヒューマンエラー防止方法のいくつかを
ヒューマンエラーの認知科学的なメカニズムから考察してきた。ここでは、こ
のようなヒューマンエラー防止方法に共通する基本的な考え方を示しておきた
い。

4.8.1　効率を下げる

　ヒューマンエラーのメカニズムの 1 つは注意が十分に向かないことによりや
るべき制御処理がうまく働かないことである。制御処理に十分に注意が働かな
い条件は、短時間に作業を行おうとするために制御処理が間に合わないことや
同時に多くのことに注意を振り分けようとするために注意資源が足りなくなる
こと、長時間同じことに注意を向け続けようとし注意資源が枯渇することであ
る。これらは、短時間に同時にできるだけ多く、できる長く、すなわち効率良
く作業を進めようとするために生じる。

　逆にいえば効率を求めなければヒューマンエラーを起こしにくくすることが
できる。つまり、ヒューマンエラー防止の基本法則の 1 つは、効率を下げるこ
となのである。

　作業時間を十分に取り、作業者が意識してゆっくり丁寧に作業をすること、
同時にいくつものことに注意を向けるのではなく 1 つの作業では集中してその
作業のみを行うこと、そして、1 人の作業者が同じことばかりに注意を向け続
けなくてもいいようにすることで、ヒューマンエラーは少なくなる。

　これらは作業時間を長くとったり、1 つひとつの作業を終えてから他の作業
に移るように手順を工夫したりするだけでは、上手くいかない。作業者自身も
ゆっくり、1 つひとつに集中して作業を行う態度を持たなければならない。作
業時間が多くとってあっても、急いで作業を終えたい人は急ぐ傾向にあり、い
ろいろなことが気になる人は気になるものである。

　ただし、ゆっくりやればヒューマンエラーが減るといっても、そのために他
社の競争に勝てない工期しか設定できないとなると会社が潰れてしまうなど別

の危険が生じる。

　そのため、効率と安全のバランスをうまくとる必要がある。効率と安全のバランスの取り方に関しては、残念ながら筆者にはいいアイデアがない。しかし、効率と安全のバランスをとりながら、安全に作業ができるバランスポイントまで効率を下げる方向性が重要なのは間違いない。

4.8.2　複雑さ、柔軟性を下げる

　単純な作業であっても、日々実施する中には多くの想定外事象や避けられない効率要求が生じる。これらの想定外事象への対応や効率と安全のバランスとりに十分な制御処理を働かせる余裕がないとヒューマンエラーは防げない。

　そもそもの作業自体が複雑であり、多くのバリエーションが存在すると、想定外事象と効率要求のバリエーションは指数関数的に増え、想定内の事象への対応だけで注意資源は限界に達してしまう。こうなると想定外事象や効率要求にはとても応えられない。したがって、できるだけ作業をシンプルにすることがヒューマンエラー防止には重要である。

　例えば、交通に関していえば、鉄道は線路の上しか走らない線移動の1次元交通であり、車や飛行機と比べると複雑さや柔軟性が低い。このため、移動自体を考えるとエラーの入り込む余地が少ない。

　もちろん、線路が組み合わされネットワークを構成しているし、踏切で道路とも交わるため、完全な1次元ではない。しかし、ネットワークの接点である分岐や踏切でのヒューマンエラーが多いので、やはり面より線移動の単純なほうがヒューマンエラーは少ないといえる。

　自動車は鉄道よりもさらに複雑な道路ネットワーク上を移動するため、線移動というよりも面移動と考えてよい。基本的に1次元交通である鉄道と異なり、2次元交通である自動車はヒューマンエラーの可能性が格段に増える。また飛行機はさらに上下方向の次元が増え3次元交通となるため、複雑さも危険性も増す。もちろん、その分、莫大な投資により設備もシステムも整えられているし、運べる人数も制限されている。自動車レベルで自家用飛行機を使い始めたら、事故数は自動車の比ではないだろう。

　医療はこの点もっとも複雑で柔軟性の高い産業だろう。症状や治療部位、患者の年齢や性別などにより診療科は、内科、外科、泌尿器科、婦人科、小児科、精神科、心療内科、耳鼻咽喉科、皮膚科、形成外科、整形外科など多くの専門に分化され、それぞれの専門家がいる。普通自動車、バス、ダンプカーのドライバー、山手線、新幹線、貨物列車の運転士などの分化とは複雑さのレベルが違う。

　さらに、医者だけでなく、看護師、薬剤師、放射線技師など作業分担が複雑に絡み合っている。これも、列車運転士、車掌、指令員などの複雑さとはレベルが違う。これにさらに、患者の症状の違いにより対応の仕方が細かに異なり、用いる薬剤の種類も膨大である。特に、ジェネリック薬品が多く用いられるようになり複雑さに拍車をかけている。複雑さは増える一方である。

　医療においては、事故のリスクと治療効率のバランスを考慮して、治療効率を犠牲にしても複雑さや柔軟性を減らす方向を考えなければ事故リスクを減らすことはできないのではないか。

4.8.3　完璧な対策はない

　ヒューマンエラー対策の基本法則の３つ目は、完璧な対策はないといことである。1.2 節「管理的安全の欠点」でも触れたが、すべてのことを想定することはできない。かつ完璧な手順は効率を著しく阻害する。ヒューマンエラーを起こさないように考案された手順にも防止対策にも抜けているところは必ずある。

　事故は多重にめぐらされた防護の穴をすり抜けて起こるというスイスチーズモデル[30][31]は一時、ヒューマンエラーのことを取り上げた多くの記事で引用されていた。スイスチーズを使って事故の発生のメカニズムを比喩的に図示したモデルはわかりやすかった。しかし、当時ヒューマンエラー防止対策というと、スイスチーズの穴を埋めて、できるだけ穴のない完璧なスイスチーズを目指すことばかりであった。実際には完璧なスイスチーズ作りを目指すことに無理があったわけだが……。それでも、自分が作った、もしくは手を入れたスイスチーズは穴がなくなっていると思ってしまう。

何であれヒューマンエラー対策をとると、よほどまずい対策でない限り、当該のヒューマンエラーやそのヒューマンエラーが関連した事故は減る（といっても、そもそも事故自体は非常に数が少ないので、相変わらず事故は起こらないというのが正しいところである。ヒューマンエラーやヒューマンエラーが関連した事故の発生確率は減っているかもしれないが減ったと感じるほどの変化も起こらない）。

しかし、対策は完璧でなく、効率も阻害することから長期的な継続は難しいものも多く、いずれは類似のヒューマンエラーが発生する。そんなことが起こらないヒューマンエラー防止対策はない。何度もいうがすべてを想定することはできず、効率をまったく阻害せずに対策を取ることも難しいのであるから、どんな素晴らしいヒューマンエラー防止対策を実施したからといって、「もう安心」ということはないのである。

それなのに人は対策をとると安心する。もちろん、せっかくヒューマンエラー防止対策を実施したのであるから多少の危険が減った分くらいは安心してもいいのかもしれない。しかし、過度に安心してはいけない。それなのに、人は過度に安心するものなのである。

ヒューマンエラーもしくはヒューマンエラーに関連した事故防止対策を実施することにより、ある程度危険は小さくなるはずである。しかし、人が過度に安心するために安心した分だけ危険な方向に効率を求めてしまうことがある。これにより対策により想定されるほどには危険が低下しないことをリスクホメオスタシスやリスク補償という[32]-[36]。

リスクホメオスタシスやリスク補償が生じる仕組みは以下のようなものである（図4.11）。

私たちはそれぞれ、例えばその環境ではこのくらいの危険（リスク）は受け入れられるというリスクの目標水準を持っている。実際に、その環境の危険（リスク）認識した際に、もし、自分が持っているリスクの目標水準より認識したその環境のリスクが高ければ、危ないと思って慎重になるように行動を調整する。

しかし、逆に認識したその環境のリスクが目標水準より低いと思えばもう少

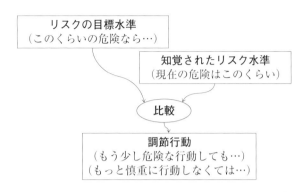

図 4.11　リスクホメオスタシスやリスク補償のメカニズム

し危険でも大丈夫なわけだから調整し効率よくリスキーな行動をとるようになる。完璧ではない対策であるのに、対策により安心して対策がとられた環境のリスク認知を過度に低く認識することにより、対策が台無しにするようなリスキーな行動を取ってしまうことがあるわけである。

　安心安全という言葉がよく掲げられるが、安心と安全は同じものではない。むしろ、安心は安全を脅かすものであり、安全の敵といっても過言ではない。

　以前は講演後、「具体的な対策を教えてくれ」というような質問だか意見だかをよく投げかけられた。そんなものがあれば筆者の仕事などとうになくなっている。「完璧な対策などないと知ること」、そして「安心しないこと」が最も重要な事故防止対策かもしれない。

　事故防止対策のためには、ヒヤリハット情報や事故情報などが常に周知されること、対策の問題点を検討すること、日常の作業のばらつき（ゆらぎ）に気づき、危険を想定することなどが考えられる。

第 4 章の参考文献

［1］　F.H. Hawkins: *Human factors in flight*, Gower Technical Press, 1987.（フランク・H・ホーキンズ 著、石川好美 訳：『ヒューマン・ファクター──航空の分野を中心として』、成山堂書店）

［2］　清宮栄一、池田敏久、冨田芳美：「複雑選択反応における作業方法と

Performance との関係について―「指差・喚呼」の効果についての予備的検討
―」、『鉄道労働科学』、17、pp. 289-295、1965 年。

［3］　芳賀繁、赤塚肇、白戸宏明：「「指差呼称」のエラー防止効果の室内実験による検証」、『産業・組織心理学研究』、9、（2）、pp. 107-114、1996 年。

［4］　飯山雄次：「指差唱呼の効果と応用：その科学的背景」、『安全』、31、（12）、pp. 28-33、1980 年。

［5］　M. Shigemori, A. Sato, T. Masuda, and S. Haga: "Human error prevention effect of point and call check used by railway workers in Japan", *Rail human factors supporting raliability, safety and cost reduction*, N. Dadashi, et al. (Eds.), CRC Press, pp. 599-608, 2013.

［6］　T. Masuda, M. Shigemori, A. Sato, G. Naito, G. Chiba, and S. Haga: "The error prevention effects and mechanisms of pointing", *Advances in human aspects of road and rail transportation*, N.A. Stanton(Ed.), CRC Press, pp. 30-36, 2012.

［7］　増田貴之、重森雅嘉、佐藤文紀、芳賀繁：「指差喚呼のエラー防止効果の検証」、『鉄道総研報告』、28、（5）、pp. 5-10、2014 年。

［8］　重森雅嘉、佐藤文紀、増田貴之：「指差喚呼のヒューマンエラー防止効果体感プログラム」、『鉄道総研報告』、26、（1）、pp. 11-14、2012 年。

［9］　田辺肇：『テキスト危険予知訓練』、中央労働災害防止協会、1992 年。

［10］　高橋明子、高木元也、三品誠、島崎敢、石田敏郎：「建設作業者向け安全教材の開発と教育訓練効果の検証」、『人間工学』、49、（6）、pp. 262-270、2013 年。

［11］　藤本忠明、東正訓：「コメンタリー・ドライビング法の運転者教育効果に関する実験的研究」、『交通心理学研究』、16、（1）、pp. 1-10、2000 年。

［12］　F.P. McKenna, M.S. Horswill, and J.L. Alexander: "Does anticipation training affect drivers' risk taking?", *Journal of Experimental Psychology: Applied*, 12, （1）, pp. 1-10, 2006.

［13］　A.H. Young, P. Chapman, and D. Crundall: "Producing a commentary slows concurrent hazard perception responses", *Journal of Experimental Psychology: Applied*, 20,（3）, pp. 285-94, 2014.

［14］　M. Ringelmann: "Recherches sur les moteurs animes: Travail de rhomme Research on animate sources of power: The work of man", *Annales de l'lnstitut National Agronomique, 2nd series*, 12, pp. 1-40, 1913.

［15］　B. Latané, K. Williams, and S. Harkins: "Many hands make light the work: The causes and consequences of social loafing", *Journal of Personality and*

Social Psychology, 37,(6), pp. 822-832, 1979.

[16]　World Health Organization: *WHO guidelines for safe surgery 2009: Safe surgery saves lives*, World Health Organization, 2009.

[17]　T. Altpeter, K. Luckhardt, J.N. Lewis, A.H. Harken, and H.C. Polk: "Expanded surgical time out: A key to real-time data collection and quality improvement", *Journal of the American College of Surgeons*, 204, pp. 527-532, 2007.

[18]　H.W. Heinrich, D. Petersen, and N. Roos: *Industrial accident prevention. 5 ed.*, McGraw-Hill, 1931.

[19]　J.R. Stroop: "Studies of interference in serial verbal reactions", *Journal of Experimental Psychology*, 18,(6), pp. 643-662, 1935.

[20]　重森雅嘉：「事故情報の掲示が事故を起こした人に対する印象に与える影響」、『鉄道総研報告』、27、（3）、pp. 23-26、2013 年。

[21]　O. Svenson: "Are we all less risky and more skillful than our fellow drivers?", *Acta Psychologica*, 47,(2), pp. 143-148, 1981.

[22]　L. Larwood and W. Whittaker: "Managerial myopia: Self-serving biases in organizational planning", *Journal of Applied Psychology*, 62,(2), pp. 194-198, 1977.

[23]　D.A. Small, G. Loewenstein, and P. Slovic: "Sympathy and callousness: The impact of deliberative thought on donations to identifiable and statistical victims", *Organizational Behavior and Human Decision Processes*, 102, pp. 143-153, 2007.

[24]　重森雅嘉：『事故のグループ懇談マニュアル』、財団法人鉄道総合技術研究所、2009 年。

[25]　重森雅嘉：「安全意識向上のための事故のグループ懇談手法の開発」、『鉄道総研報告』、23、（9）、pp. 11-16、2009 年。

[26]　航空・鉄道事故調査委員会：『鉄道事故調査報告書：西日本旅客鉄道株式会社福知山線塚口駅〜尼崎駅間列車脱線事故』、航空・鉄道事故調査委員会、2007 年。

[27]　J.Q. Wilson and G.L. Kelling: "Broken Windows: The police and neighborhood safety", *The Atlantic Monthly, March*, pp. 29-38, 1982.

[28]　重森雅嘉：「"もの" のせいにしよう」、『建設荷役車両』、21、（124）、pp. 452-456、1999 年。

[29] D.A. Norman: *The psychology of everyday things*, Basic Books, 1988.（野島久雄訳：『誰のためのデザイン？―認知科学者のデザイン原論』、新曜社）

[30] J. Reason: *Managing the risks of organizational accidents*, Ashgate, 1997.（ジェームズ・リーズン 著、塩見弘、佐相邦英、高野研一 訳：『組織事故―起こるべくして起こる事故からの脱出』, 日科技連出版社、1999 年）

[31] J. Reason: *The human contribution: Unsafe acts, accidents and heroic recoveries*, Ashgate, 2008.（ジェームズ・リーズン 著、佐相邦英 監訳：『組織事故とレジリエンス―人間は事故を起こすのか、危機を救うのか』、日科技連出版社、2010 年）

[32] G.J.S. Wilde: "The theory of risk homeostasis: Implication for safety and health", *Risk Analysis*, 2, pp. 209-225, 1982.

[33] G.J.S. Wilde: "On the Homeostasis of Risk", *Contemporary issues in road user behavior and traffic safety*, Nova Science Publishers, pp. 3-11, 2005.

[34] 芳賀繁：「リスク・ホメオスタシス説―論争史の解説と展望―」、『交通心理学研究』、9、（1）、pp. 1-10、1993 年。

[35] G.J. Wilde: *Target risk 2: A new psychology of safety and health*, PDE Publications, 2001.

[36] 芳賀繁：『事故がなくならない理由：安全対策の落とし穴』、PHP 研究所、2012 年。

第5章

ヒューマンエラーの原因を
突き止める

5.1　後追い対策の必要性

　事故の原因を知ることは類似した事故の防止を考える際に役に立つ。そし
て、発生した事故から学んだ事故防止対策はこれまで効果を上げてきている。

　例えば鉄道の自動列車停止装置(Automatic Train Stop：ATS)は、列車運
転士が赤信号(停止信号)を見間違えたり、見落としたりすることにより、前方
に別の列車がいる区間(閉そく)に進入してしまうことにより発生する衝突事故
を防ぐために導入された事故防止対策である。1956年の参宮線六軒駅での列
車衝突事故や1962年の常磐線三河島駅での列車脱線多重衝突事故などさまざ
まな事故がきっかけとなり開発や導入が進んだものであり[1]、この設備の導
入により列車衝突事故数は大きく減少している。

　鉄道に限らず、民間航空産業で義務付けられているコミュニケーションや意
思決定、チームワークなどの訓練手法であるコックピット(またはクルー)・リ
ソース・マネージメント訓練(CRM訓練)[2]も1977年のテネリフェ空港での
ジャンボ機衝突事故や1978年のユナイテッド航空機の燃料切れ墜落事故など
の事故がきっかけとなり開発や導入が進んだものである。オートバイのヘル
メット着用は、日本では特に原付(原動機付自転車)の交通事故の急増により
1986年から着用が義務付けられ事故の減少に効果が見られている[3]。ちなみ
にオートバイの事故防止対策としてのヘルメット着用そのものは、映画「アラ
ビアのロレンス」のモデルであるトーマス・エドワード・ロレンス(Thomas
Edward Lawrence)の事故などがきっかけとなっている[4]。

　もちろん、事故の原因がわかったからといって、その事故を防ぐ方法が必ず
わかるわけではない。特に、ヒューマンエラーが関連した事故の場合は、

ヒューマンエラーを防ぐこと自体が難しいため、事故原因を明らかにしても防止が難しいということがわかるだけで、効果的な防止対策を思いつくに至らないこともある。しかし、何が問題であるかということがわかること自体が注意や警戒に役に立つこともあり、原因はわかったほうがいいことは間違いない。ただし、事故原因を明らかにすることと、事故防止対策を考えることは分けて考えるべきであり、事故防止対策考案を目的として事故分析を行うと分析が歪む可能性がある。

　最近では、起こった事故から学ぶ後追い対策では、これから起こる可能性のある潜在的な事故防止には繋がらず、後追いばかりしていてはいつまでも安全は成し得ないという批判もある。しかし、起こった事故と類似の事故の発生を放置していいわけではない。それだけでは足りないということならわかるが、これまでどおり後追いで事故から学び、類似事故の発生防止に努めることもないがしろにすることなく、続けていく必要はある。

　次に、事故の原因を明らかにするための分析手法を紹介する。

5.2 さまざまな事故原因分析手法

　ヒューマンエラーが関連した事故の原因分析手法はたくさんのものが提案されているが、これらは大きく以下の3つに分けることができる。

【ヒューマンエラー事故の原因分析手法の種類】

①　事象の記述や直接原因（逸脱事象、エラー）の解明を目的とするもの

②　直接原因を引き起こした間接原因（背景要因、背後要因）の解明を目的とするもの

③　これらを組み合わせたもの（総合分析手法）

5.2.1　事象の記述および直接原因（逸脱事象、エラー）の同定手法

　①事象の記述および直接原因（逸脱事象、エラー）の同定は、基本的には起こった事象を流れ図として記述し（事象の記述）、事象の流れの中で想定されて

いた安全な事象の流れと異なっていた箇所（逸脱事象、エラー）を明らかにしようとするものである。すなわち、実際に事故時に生じていた事象の流れや手順（事故時の Work-As-Done：WAD）を記述し、想定された手順や理想的な手順（Work-As-Imagined：WAI）からの逸脱事象を同定するものである。

　事象の記述および直接原因の同定手法としは、バリエーション・ツリー・アナリシス（Variation Tree Analysis：VTA）が有名である [5] [6]。また総合分析手法である根本原因分析手法（Root Cause Analysis：RCA）で用いられているできごと流れ図 [7] や鉄道総研式ヒューマンファクター分析法で用いられている時系列対照分析 [8] などがある。

　バリエーション・ツリー・アナリシス（VTA）は、関係者や関係物ごとに事故時に生じた事象の1つひとつを時間順にノードとして表し、これらのノードをつないだ図（バリエーション・ダイアグラム）を作成することにより、事故時に起こっていたことを記述するものである（図5.1）。

　作成したバリエーション・ダイアグラムを見ながら、取り除くべき事象（排除ノード）や断ち切るべき連鎖（ブレイク・パス）を逸脱事象として同定してい

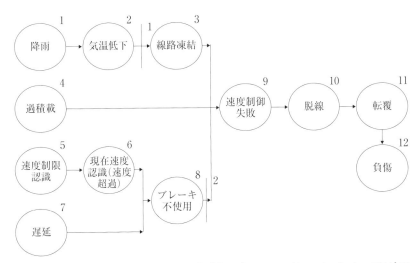

図5.1　バリエーション・ツリー・アナリシス（Variation Tree Analysis：VTA）で用いられるバリエーション・ダイアグラムの例

く。しかし、このバリエーション・ダイアグラムは想定された手順や想定した手順(Work-As-Imagined：WAI)が明示されず、事故時に生じていた事象の流れや手順(事故時の Work-As-Done：WAD)のみから逸脱事象を同定しようとするため、想定された手順や理想的な手順(WAI)を十分に理解している分析者でないと逸脱箇所の判断が難しいという欠点がある。

　想定された手順や理想的な手順(WAI)との比較で事故時に生じていた事象の流れ(事故時の WAD)の逸脱事象を明らかにする手法としては、筆者が開発した鉄道総研式ヒューマンファクター分析法の時系列対照分析が簡便である。これは表形式で一方の列に想定された手順や理想的な手順(WAI)を時間順に記述し、もう一方の列にそれと対応するように事故時に生じていた事象の流れ(事故時の WAD)を記述するものである。両方の列を対照させることにより逸脱事象を同定できる(表 5.1)。

　ただし、実際にやってみると対照元とすべき想定された手順や理想的な手順(WAI)の記述が難しいことが多い。これは作業の多くが細かな具体的手順まで明示されていないことが多いことが理由である。そもそも、すべてのことを想定した完璧に安全な手順を作ることなどできない。また、過度に詳細で完璧な手順を作っても効率を阻害するため実施できない。このため、ある程度細かな部分はその場の作業に応じて柔軟に対応するように手順が想定されていることが多い。それでもマニュアルに明記されていなくても日常で行われている手

表 5.1　時系列対照分析の例

想定された手順や 理想的な手順(WAI)	事故時に生じていた事象の流れ (事故時の WAD)	逸脱
カーブを発見	カーブを発見	
制限速度を確認	制限速度を確認	
減　速		逸脱①
制限速度内で走行	制限速度超過	逸脱②
線路上を走行	線路をはずれて走行	逸脱③
無事曲がりきる	脱線転覆	事　故

順はある程度決まったものであるのではないかと思われるが、これも日常の作業においても細かな想定外は生じているものであり、いつもやっている手順にもいくつかのバリエーションがあることがほとんどである。

　したがって、逸脱を明確にするためには、想定された手順や理想的な手順（WAI）以外に、普段行われているいくつかの手順（WAD）のバリエーションを記述し、事故時の WAD と対照して分析することが必要となる。

　実際、ある程度具体化された想定された手順や理想的な手順（WAI）と事故時の WAD を対照させて逸脱事象を明らかにしても、それだけではその逸脱事象が事故時の WAD にのみ含まれるものなのか、日常作業のバリエーションとしての WAD にも含まれるものなのかわからないことが多い。

　すなわち、手順からの逸脱が、事故が発生したとき特有のものなのか、日常的にそのような逸脱が度々起こっていたのかはわからない。このように、日常の WAD のバリエーションを明らかにすることは、セイフティ II（p.163、巻末の注釈、注2）参照）が推奨する日常のうまく行っている事象からの学びにつながるものかもしれない。

5.2.2　間接原因（背景要因、背後要因）の同定手法

　【ヒューマンエラー事故の原因分析手法の種類】（p.126）の②にあげた「②直接原因を引き起こした間接原因（背景要因、背後要因）の解明」は、直接原因である逸脱事象がなぜ生じたかを明らかにしようとするものである。事故の原因分析を「ヒューマンエラーが原因でした」終わらせるのではなく、ヒューマンエラーが生じた原因を、ヒューマンエラーを出発点として調査する必要があるといわれる[9]。しかし、ヒューマンエラーは原因ではなく結果だと唱えても、ヒューマンエラーの原因の突き止め方がわからなければ、分析は進まない。ここでは、ヒューマンエラーを引き起こした原因（ヒューマンエラーが直接原因であるならば、関節原因、背景要因、背後要因）の分析手法を紹介する。

　間接原因の分析手法にもさまざまなものが考案されている。フォルト・ツリー・アナリシス（Fault Tree Analysis：FTA）[10] やなぜなぜ分析、特性要因図[11] などが有名である。フォルト・ツリー・アナリシス（FTA）は、事象が発

生するための条件や要因、さらにそのような条件や要因が発生する条件や要因を網羅的に検討していき、それらをツリー図として記述するものである（図5.2）。

　なぜなぜ分析は、事象が発生するための条件や要因（原因）をなぜそれが発生したのかと自問し、その答えを導き出すものである。導き出した事象が発生するための条件や要因（原因）が生じるための条件や要因（原因）をさらになぜそれが発生したのかと自問し、その答えを導き出す。これを繰り返すことにより事象の発生にかかわる条件や要因（原因）を明らかにしていく。原因の原因を網羅的に検討していくとう考え方はフォルト・ツリー・アナリシス（FTA）もなぜなぜ分析も同様である。

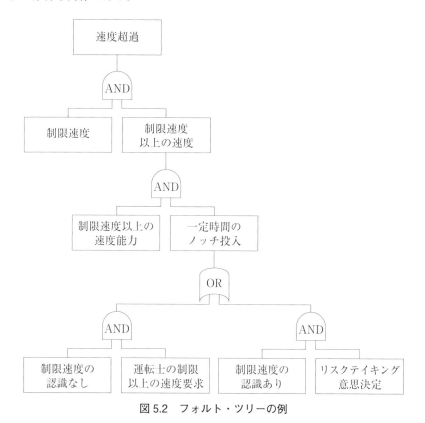

図 5.2　フォルト・ツリーの例

　ただし、特にヒューマンファクターが関係する事象の場合、その発生条件や要因(原因)を次々と網羅的に推定していくことは難しい。

　ヒューマンエラーの発生条件や要因(原因)を推定するのが難しい理由は、これらを推定するためには、人がどういう条件でどのようにヒューマンエラーを起こすかを知る必要があるが、これを知ることは専門家でないと難しいことにある。機器のトラブルの場合には、機器の専門家がトラブルの原因分析を行うのが当たり前であるが、人のトラブルの場合には人の専門家が分析に当たることはほとんどない。

　ヒューマンエラーに関する人の専門家とはヒューマンファクターや人間工学、心理学をベースにしたヒューマンエラーの研究者である。このような専門家が分析に当たることが少ないのはこの手の専門家の数が比較的少なく、ヒューマンエラーに関してだけ専門であっても、当該の作業や作業に関係した組織やシステムに関する知識も持っていなければ当該事故のヒューマンエラーの発生原因や要因の分析を行うのが難しいためである。

　さらには、作業者も管理者も人であるためわざわざ専門の人間に依頼しなくても人のことは人である自分でもわかっていると考えられがちであるためではないかと思う。機器に関してはその専門家に聞くのが当たり前のところを人に関しては人の専門家に聞く必要性を感じてもらえないのである。

　しかし、専門家でない人がヒューマンエラーの発生要因や原因を FTA やなぜなぜ分析により明らかにしようとすると、問いを出すことすらできずに思考停止に陥ってしまう場合が多い。

　そこで、事象の発生を導く条件や要因(原因)の種類を手がかりとして用い、関係する条件や要因(原因)を推定し、結果として種類ごとに整理しようという方法が考案されている。このような分析の代表的なものが特性要因図である(図5.3)。特性要因図は魚の骨図(fishbone diagram)とも呼ばれる形で図示される。

　また、同様に事象の発生条件や要因(原因)の種類を推定するための手がかりとして用いる、4M(Man：人間、Machine：機械、Media：環境・媒体、Management：管理)や第4章で紹介した SHEL モデル(対策を考えるうえで

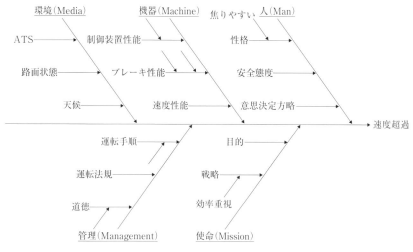

図 5.3　特性要因図の例

の手がかりにもなる）も、特に図としては表さないがよく用いられる手法である。

　しかし、推論の手がかりが与えられても推論の仕方までは教えてくれない。例えば、Man（人）の側の要因や Hardware（機器）の側の要因という手がかり（ヒント）が与えられてもそれだけで発生要因や原因を推定するのは相変わらず難しいことに気づくはずである。結局は人がなぜヒューマンエラーを起こすのかというメカニズムがわかっていないとヒューマンエラーの発生要因や原因を明らかにしていくことはできないのである。

　それならば、ヒューマンエラーの発生メカニズムモデルを背景にヒューマンエラーがどういうときにどういう条件（要因）の下でどういう風に起こるのかを推定していく方法を開発しようということになる。

5.2.3　メカニズムにもとづいた間接原因（背景要因、背後要因）の同定手法

　ヒューマンエラーの発生メカニズムを用いてヒューマンエラーの発生条件や要因（原因）を明らかにしていこうという手法も提案されている。以下にヒューマンエラーや事故防止の大御所が提案しているヒューマンエラーの発生メカニ

ズムを用いた間接原因の分析手法を紹介し、それらの欠点などを明らかにしながら、最後に筆者が考案した PICHE-COM という手法を紹介する。

(1) ステップ・ラダー・モデル

ラスムッセンによるステップ・ラダー・モデル(step ladder model)は、ヒューマンエラーの原因を発生メカニズムモデルを用いて明らかにしようという目的で提案されれたものである [6]。

ステップ・ラダー・モデルには人の行動を形作っている脳内情報処理の流れ(ステップ)が示されている。しかし、各ステップで生じるヒューマンエラーやそのヒューマンエラーが生じる原因については示されていない。そのため、このステップ図の中に当該のヒューマンエラーを当てはめ、「ステップ図を見ながら要因推定をがんばってやりましょう」というようなものである。

したがって、肝心の要因推定に関するヒントやそれを導き出すためのメカニズムは示されていない。そのため、これを使ってヒューマンエラーの間接原因を明らかにせよと言われても難しい。せいぜいできるとすれば、情報処理の流れ(ステップ)のどこでヒューマンエラーが生じたかということを同定することくらいだろう。

(2) ATS システム

ATS システムとは、『誰のためのデザイン？―認知科学者のデザイン原論』[12] などの著書で有名なノーマンが提案したヒューマンエラー(ノーマンはアクションスリップと呼んでいる)のメカニズムとメカニズムにもとづいたヒューマンエラーの分類体系である [13]。

認知心理学では、人の行為や判断は、スキーマ(Schema)と呼ばれる記憶された知識やスキル(プログラムのようなもの)を取り出し(想起、活性化)、実行することで生じると考えられている。これに従い、スキーマの想起(活性化: Activation)と、活性化されたスキーマが実際に一連の思考や行為を次々と起動すること(トリガー: Trigger)でヒューマンエラーも説明できる。そのため、Activation-Trigger-Schema システム、ATS システムと名付けられているので

ある。

　ATS システムでは、いくつかのスキーマはある程度活性化しており準備状態にあると考えている。しかし、活性化した準備状態のスキーマがすべて意識され、具体的な行為として表に現れるわけではない。それらが実際に起動（トリガー）されて初めて意識されたり、表に現れると想定している。実際に、私たちは思っただけで行為に表さないこともたくさんある。ある状況に置かれるとその状況に合った複数のスキーマが活性化される。このうちその状況に適切なスキーマが起動（トリガー）されればうまく行った行為や判断が生じるが、不適切なスキーマが起動（トリガー）されるとヒューマンエラーが発生する。活性化されている複数のスキーマのうち、どれが起動されるかはその状況でのスキーマの活性化の強さ（活性値）による。

　図 3.2（p.43）で紹介した「ヒューマンエラーのメカニズム」で「プログラム」と呼んでいたものは ATS システムがスキーマと呼んでいるものである。ATS システムでは活性値の大きいスキーマが起動されると説明しているが、図 3.2 のモデルではこれを自動処理と呼んでいる。ATS システムではスキーマの活性化と起動（トリガー）を区別しているが、図 3.2 のモデルではこのメカニズムについては特に触れていない。特にこのメカニズムを導入しなくてもヒューマンエラーの発生については説明可能だからである。逆に図 3.2 のモデルでは制御処理と注意のメカニズムをヒューマンエラー発生メカニズムの大きな要素と考えているが、ATS システムではこれについては特に触れられていない。

　ATS システムでは、判断（意図形成）の判断ミスやスキーマの活性ミス、起動ミスの段階に分けて、ヒューマンエラーの分類を行っている（表 5.2）。

　事故において生じたヒューマンエラーがどういうものであったかを明らかにするためには、情報処理段階のどこで生じたものであるかをモデルの中で位置づける。すなわち、判断（意図形成）時か、行為スキーマ（プログラム）を想起（活性化）したときか、それを実行（起動）したときかを判断する。

　そして、それぞれの情報処理段階に用意されているヒューマンエラーの説明を参考に生じたヒューマンエラーがどういうものであり、その説明から間接原因を推定しようというものである。

表 5.2 ATS システムによるヒューマンエラーの分類

情報処理段階	ヒューマンエラーの種類	説明
意図スキーマ活性化時	モードエラー	状況認識の誤り
	記述エラー	状況記述が不十分
行為スキーマ活性化時	キャプチャーエラー	経験や習慣による誤ったスキーマの活性化
	データ駆動活性エラー	感覚情報による誤ったスキーマの活性化
	連想活性エラー	連想による誤ったスキーマの活性化
	活性化の喪失エラー	し忘れ、展望記憶エラー
スキーマ起動時	順番、混合、早期エラー	起動タイミングの誤り
	思考の行為化	活性化はしたが起動するつもりはなかったものを誤って起動

　しかし、発生メカニズムに注意の要因が入っていないため、注意不足などの問題はこのモデルを用いても明らかにはできない。基本的には記憶されているスキーマプログラムの想起(活性化)の問題と起動の問題であり、しかもそれぞれの要因は表として整理されているだけであり発生メカニズムにもとづいた体系化はされてない。

(3)　GEMS(包括的エラーモデリングシステム)SRK モデル

　最後に紹介するのは、認知心理学的な側面からのヒューマンエラー研究の大家リーズン(Reason)が提案した有名なモデル、包括的エラーモデリングシステム(Generic Error Modelling System：GEMS)である[14]。これは、SRK モデルとしてよく知られるものであり、ヒューマンエラーを①スキル(Skill)ベースレベルのエラーであるスリップ(うっかりミス)とラプス(し忘れ)、②ルール(Rule)ベースレベルのエラーであるルールベースレベルのミステイク(判断ミス)、③知識(Knowledge)ベースレベルのエラーである知識ベースレベルのミステイクの3つに分ける(それぞれの頭文字を取って SRK)。この分類のアイ

表 5.3　ラスムッセンの行動カテゴリとリーズンの SRK モデル

Rasmussen の行動カテゴリ	Reason のヒューマンエラー分類
スキルベースの行動	スキルベースレベルのエラー （スリップとラプス）
ルールベースの行動	ルールベースレベルのエラー （RB ミステイク）
知識ベースの行動	知識ベースレベルのエラー （KB ミステイク）

デアは認知工学者であるラスムッセンが提案した行動の種類としてのスキル
ベースの行動、ルールベースの行動、知識ベースの行動にもとづいている（表
5.3）[15]。

　GEMS は多くのヒューマンエラー分析手法に用いられている [16]-[18]。確か
に、ヒューマンエラーを 3 つに分類するとシンプルでわかりやすい。しかし、
行為や知覚のうっかりミス（スリップ）であるのか、し忘れ（ラプス）であるの
か、それとも判断ミスであるのか（ルールベースのミステイク、知識ベースの
ミステイク）であるのかがわかっただけでは、なぜヒューマンエラーが生じた
のかの原因（間接原因）を推定することはできない。

　そこで、リーズンはそれぞれのパフォーマンスレベルのヒューマンエラーを
さらに詳細に分類している（表 5.4）。

　スキルベースのスリップ（うっかりミス）やラプス（し忘れ）は不注意か逆に注
意過剰による 2 種類をリーズンは想定している。

　さらに、不注意の場合は、習慣などが割り込んでくる二重捕捉スリップ、中
断後の行動の抜け落ち、意図が薄れによるし忘れ、紛らわしいものを見間違っ
たり聞き間違ったりする知覚の混同、複数の行動が混ざり合う干渉によるエ
ラーを想定している。

　同様に、注意過剰によるヒューマンエラーも、間違ったことをするオミッ
ション、同じ行為の繰り返し、逆戻りを想定している。

　ルールベースのミステイク（判断ミス）は、通常ならば正しいルールを状況が
違う場合にも適用して判断してしまうもの（良いルールの誤適用）か、正しくな

表 5.4　包括的エラーモデリングシステム（GEMS）のヒューマンエラー分類

スキルベースの スリップ（うっかりミス） とラプス（し忘れ）	不注意	注意過剰
	二重捕捉スリップ	オミッション（省略）
	中断による行為のし忘れ	同じ行為の繰り返し
	意図の薄れ	逆戻り
	知覚の混同	
	干渉によるエラー	
ルールベースの ミステイク（判断ミス）	良いルールの誤適用	悪いルールの適用
	1つ目の例外	ルール符号化の欠陥
	サイン、カウンターサイン とノンサイン	ルールのアクション 部に欠陥 • 間違ったルール • エレガントでない 　ルール • 得策でないルール
	情報の過負荷	
	ルールの強度	
	一般的なルールが 強くなりがち	
	無駄と重複	
	固執（rigidity）	
知識ベースの ミステイク（判断ミス）	選択性	
	作業領域の限界	
	見えないものに気づかない	
	確証バイアス	
	自信過剰	
	偏見による再考	
	錯誤相関	
	ハロー効果	
	因果関係についての問題	
	複雑性に伴う問題	

いルールを適用して判断してしまうもの（悪いルールの適用）に分け、それぞれにスキルベースのスリップやラプスと同様に細分類を想定している。

　知識ベースのミステイクは大きな 2 分類はされていないが、10 以上の細分類を想定している。これらの細分類はヒューマンエラーの種類やパターンでもあり、ヒューマンエラーを引き起こす間接原因でもある。

　しかし、それぞれのレベルで想定しているヒューマンエラーの大分類の基準が異なっていたり、また細分類に関してはシステマティックですらなかったりする。これでは、このモデルによほど精通していなければ、目の前のヒューマンエラーやその原因がこの分類のどれに当たるのか判断することは難しい。

　元々リーズンが想定しているヒューマンエラーの発生メカニズムはシンプルなものであり、しかも、リーズンはスキルベースのスリップ（うっかりミス）やラプス（し忘れ）であろうと、ルールベースのミステイク（判断ミス）であろうと、知識ベースのミステイク（判断ミス）であろうと、発生メカニズムに関しては特に区別はしていない。

　リーズンはどのレベルのヒューマンエラーであろうと知識ベースに記憶されているスキルやルール、知識のスキーマを誤って取り出す（活性化）することにより、ヒューマンエラーが生じると想定している。

　さらに、記憶からスキーマを取り出す手がかりとして意図や文脈、関連するスキーマ（特定活性化源：specific activator）が存在すること、特定活性化源がスキーマを活性化させるメカニズム（一般活性化源：general activator）として、最近その手がかりにより活性化された経験（新近性：recency）、その手がかりによる当該スキーマの活性化回数（頻度：frequency）、その手がかりと当該スキーマの類似性（共通要素：shared element）、感情移入（affective "charge"）をリーズンは想定している。

　一般活性化源のうち、リーズンは特に頻度と類似性を重要視しており、それぞれ頻度による賭け（frequency gambling）、類似性による照合（similarity matching）とも呼んでいる。本来は、このメカニズムモデルにしたがって、さまざまなヒューマンエラーやヒューマンエラーの発生要因を導き出せるようになっているべきである。しかし、メカニズムと分類や原因の関係はなぜか、あまりはっきりと示されていない。

5.2.4　PICHE-COM（ヒューマンエラーの原因同定手法）

　ヒューマンエラーがなぜ生じるのか、そのメカニズムがわかっているのであれば、メカニズムにもとづいてヒューマンエラーを分類したり、その発生要因を明らかにしたりすることができる。

　ここでは第3章で紹介した「ヒューマンエラーのメカニズム」からシステマティックにヒューマンエラーを引き起こした要因（事故の直接原因がヒューマンエラーならば間接要因）を導き出すことができる、ヒューマンエラーの原因同定手法（Protocol of Identification for Causes of Human Error based on COgnitive Mechanism：PICHE-COM）を紹介する（表5.5）。

　PICHE-COM ではまず、逸脱事象（ヒューマンエラー）はどういうものかを考える（表5.5内「ヒューマンエラーの形態」）。逸脱（エラー）であるので想定されていた事柄は生じていないはずである。生じていれば逸脱（エラー）ではない。

　「想定されていた事柄が生じていない」には「想定されていた事柄が生じなかった場合」と「想定されていたことと違うことが生じた場合」がある。

　想定したことが部分的に生じていてもそれは想定したこととは厳密にいえば異なるためエラーである。

　ABC の順番でやるべきものを ACB の順番でやったなどの順番間違いも、想定された ABC は生じておらず、想定とは異なる ACB が生じているエラーである。

　間接原因分析の第一歩は逸脱事象（ヒューマンエラー）が、「想定したことが生じなかった」のか、「想定したことが生じる代わりに違うことが生じたのか」のどちらであるかを見きわめることである。

　次に、逸脱事象（ヒューマンエラー）が、想定したことが生じなかったことであるならば、なぜ想定したことが生じなかったのかをさらに分析する（表5.5内「メカニズム上の問題」）。

　もちろん、逸脱事象（ヒューマンエラー）が想定したことが生じる代わりに別のことが生じたのであれば、なぜ別のことが生じたのかをさらに分析する。

　想定したことが生じなかったということは、想定したことが記憶から取り出されなかったことになる。記憶の取り出しは自動処理か制御処理かによるの

表5.5　認知的発生メカニズムにもとづくヒューマンエラーの原因同定手法
Protocol of Identification for Causes of Human Error based on COgnitive Mechanism (PICHE-COM)

ヒューマンエラーの形態 →→→→ (直接原因、逸脱事象)	メカニズム上の問題 →→→→→→	問題の原因 →→→→→ (間接原因、背景要因)
想定されていたことが生じなかった。	適切な自動処理が生じなかった。 ①手がかりがなかった。 ②手がかりが強力ではなかった。 ③手がかりとスキーマの結びつきが弱かった。	準備不足、想定外など 目立たない、複雑など 経験不足、訓練不足など
	注意が働かず適切な制御処理ができなかった。 ①急いでいた（短い処理時間）。 ②注意が別のものに向いていた（注意の容量限界）。 ③注意や意識を向ける時間が長かった（注意の持続限界）。 ④単調（注意の持続限界）	急がせる原因 注意を怠くもの、疲労、不安、他の仕事などの存在 手順が悪い、交代時間
想定されていないことが生じた（想定されていたことも生じていないわけなので、想定されていたことが生じなかった原因も検討する）。	想定されていないことのほうが生じやすかった（自動処理）。	手順が悪い、魅力がない。 ①実行頻度が高い（頻度） ②最近実行した（新近性）

で、自動処理がうまく働かなかったのか、制御処理がうまく働かなかったのかのどちらかになる。

　自動処理の失敗か制御処理の失敗かを判断するのは難しいが両方を引き起こす原因をさらにメカニズムモデルから導き出すことができるため、自動処理の失敗か、制御処理の失敗かは置いておいてそれらを引き起こした原因について検討してみよう。

　自動処理を働かせるためには思い出すべきものと強く結びついた手がかりが必要である。自動処理がうまく働かなかったのであれば、「①手がかりがなかった」か、あっても自動処理をうまく働かせるほど「②手がかりが強力なものではなかった」か、「③手がかりとスキーマ（自動処理すべき事柄）の結びつきが弱かった」か、いずれにせよ手がかりが十分ではなかったことが考えられる。

　より具体的な問題（間接原因）は、想定した行為や判断を思い出させたり、自動的に取り出したりするための手がかりの準備が不足していた可能性がある。あるいは、事前の想定が十分ではなくて用意されていなかったのではないかとも考えられる。

　また、手がかりがあっても想定された行為や判断を自動的に取り出すほど強力ではなかったということは、思い出させる手がかりが目立たなかったり、複雑でわかりにくかったりした可能性がある。

　もし十分な手がかりがあったとしても、当事者にとってその手がかりが想定された行為や判断を思い出させるほどの関連性に気づけなかった場合、すなわち経験不足や訓練不足などの問題があるのかもしれない。自動処理の失敗については以上のことを検討すれば、ほぼ網羅的に間接原因の検討ができるだろう。

　続いて、想定されていた行為や判断に注意を向けながら取り出す制御処理の失敗だったとするならばヒューマンエラーの発生メカニズムモデルの注意の3つの制約から次の4つの間接要因を検討することができる（3.3節参照）。

　1つ目は制御処理の遅さに関連した「①急いでいた」である。つまり、急いだり慌てていてじっくり注意を向けて制御処理を行う時間がなかった可能性である。

　２つ目は、同時に注意できる量に限りがある（容量制限）ことに関連する「②注意が別のものに向いていた」である。これは別に注意を引くような事柄がなかったかどうかを検討することである。何か注意を惹くもの、疲労や不眠による体調の問題、緊張や不安、心配ごとなど、錯綜する他の仕事、その後の仕事などを具体的に検討することができる。

　３つ目は同じことに注意を向け続けられないという注意の持続限界に関する「③注意や意識を向ける時間が長かった」である。これは、手順が悪く時間がかかったり、仕事自体が注意の持続を要求するものであったり、交代までの時間が長ったりする場合である。

　また、４つ目は注意力の問題に関連する「④単調」である。持続できる注意時間は課題の単調さや退屈さにもよる。そのため、退屈な手順であったり、関心や興味を持てない魅力のない作業のため、注意力が持続できなかったことに原因を見出すこともできる。

　ここまでが想定されたことが生じなかった原因の分析である。ヒューマンエラーは想定されたことが生じなかっただけではなく、想定されたことと違うことが生じるというものもある。

　次は想定されたことと違うことが生じる原因を分析する（表5.5内「ヒューマンエラーの形態」下段参照）。ただし、想定されてことと違うことが生じる場合も、同時に想定されたことも生じていないわけなのでこれから紹介する想定されたことと違うことがなぜ生じたかの分析だけでなく、上述の想定されたことが生じなかった原因の分析も行う必要がある。

　さて、想定されていないことが生じた原因は、想定されていないことが注意を向けなくても自動的に取り出される自動処理であったからである。

　それが自動処理であるためには、その状況ではそちらのほうがよく行う行為や判断であった場合か、簡単なパターンであるか、最近その状況でそちらのほうの行為や判断を行ったばかりだった場合のどちらかである。それらのいずれの可能性が高いかを推定すればいい。

　これは普段または最近、その状況で実際にどういう行為や判断を行っていたかということが問題となる。

「マニュアルに記載されているとおりの作業を行っているはずだから、それに従えば適切な行為や判断が自動処理になっているはず」という推定は正しい分析ではない。マニュアルに記載された想定された行為や判断とは異なる行為や判断が実際には行われていることが多い。また、それが直前に行われたりする可能性も十分ある。

想定されたものとは異なる行為や判断が生じる場合の多くは、普段からそちらの想定されたものとは異なる行為や判断が行われていたケースである。「実際にはどういう行為や判断が行われていたのか」「普段から想定されたものとは異なる行為や判断が行われていたのではないか」という視点で調査する必要がある。

このようにヒューマンエラーの原因(間接原因)を、認知的な発生メカニズムに沿って追求することにより、系統だった分析が可能となる。

5.2.5　総合分析手法

事故の原因分析は、直接原因や間接原因のどちらかではなく、直接原因を明らかにした後に、明らかになったいくつもの直接原因それぞれの間接原因を明らかにするというものでなければならない。

したがって、実際に産業場面で用いられている事故分析手法は直接原因の分析と間接原因の分析を組み合わせた総合的なものである。

総合的分析手法には、アメリカの退役軍人病院患者安全センターで開発された根本原因分析手法(Root Cause Analysis：RCA)[7] や東京電力株式会社のH2-SAFER[19]、それを医療事故分析用に改良した Medical Safer[20]、筆者が開発にかかわった公益財団法人鉄道総合技術研究所の鉄道総研式ヒューマンファクター分析法[8] などがある。

いずれも、直接原因の分析、その直接原因を起こした間接原因の分析、対策の考案という基本的な分析手順は共通している(表5.6)。

表 5.6　総合分析手法の手順の共通性

共通する手順	根本原因分析手法（RCA）	Medical Safer	鉄道総研式ヒューマンファクター分析法
	事例の報告		
	RCA 実施の検討		
	RCA 委員会招集		
直接原因分析	できごと流れ図作成	時系列事象関連図作成	時系列対照分析
		問題点の抽出	
間接原因分析	なぜなぜ分析	背後要因関連図作成	なぜなぜ分析
	現場調査		
	当事者インタビュー		
	なぜなぜ分析		
	因果関係図作成		
対策考案	対策立案	対策の列挙	対策立案
	対策承認		
	フィードバック		
	対策実施	対策の実施	
	対策評価	対策の評価	

5.2.6　事故分析の考え方

(1)　原因と対策

　事故の原因の分析は、5.2.4 項、5.2.5 項で述べたように想定される作業手順からの逸脱を明らかにすること（直接原因の分析）、その逸脱（直接原因）が生じた間接原因（背後要因）を明らかにすることの 2 つからなる。

　上述した多くの総合分析手法が直接原因の分析と間接原因の分析以外に、対策の考案や対策の実施や対策の評価まで含んでいる。しかし、事故の原因を明らかにすることと対策を考えることは別の問題である。原因がわかったからと

いって、必ずしもいい事故防止対策が見つかるわけではない。また、逆に原因が詳しくわからなくても効果的な対策が可能な場合もある。

　例えば、赤（停止現示）の鉄道信号の先に列車が進入し、他の列車との衝突や脱線事故が起こったことさえわかれば、運転士による鉄道信号無視の原因がわからなくても、赤（停止現示）の先に列車が進入したら自動的に列車を止める装置（Automatic Tran Stop：ATS）を設置すれば同種の事故は防げる。

　事故原因の分析時に防止対策のことが念頭にあると、対策可能な原因ばかりを求めてしまい、重要な原因を見逃してしまう可能性もある。

　それでは事故分析は何のために行うのか。筆者は、事故分析は事故や作業、システムや環境、組織を理解するために行うものと考えている。事故がどういう原因同士の関連で生じたのか、そのような原因や原因同士の関連を導き出したシステムや環境の仕組みを知ることが第一目的である。

　もちろん、事故の原因や原因同士の関連がわかれば同じ事故や類似の事故の発生を防止する方法や対策を考える手がかりとなるだろう。しかし、事故原因がわかれば必ず事故防止対策が導き出されるわけではない。事故によっては、というよりも多くの事故は事故分析によって防止の難しさがわかる。わかるならばまだマシなほうでこれだという原因すらわからないことのほうが多い。そもそも事故の原因がはっきりわかると思っている私たちの考え方自体が間違っている可能性が高い。

(2)　対策の難しさを知る

　まず、マシなほうから考えよう。事故防止対策の難しさがわかるほうである。事故の原因がある程度わかると、それなら事故防止を考えようということになる。

　もし、効率も人の特性もシステムや組織の他の要素もまったく考えなくていいならば、事故防止対策を考えることはそれほど難しいことではないかもしれない。しかし、事故防止対策は例えば「別の作業者を見つけて一緒に確認するする」とか、「わざわざそのためだけに防護服を着る」などのように、作業効率を損なうものが多い。

　安全第一で、安全の前には効率などといっていてはいけないという人もいるかもしれないが、20 年に一度起こるかどうかのまれな事柄に対し、しかも大抵の人はうまく対処でき、仮に事故が起こったとしても損失がそれほど大きくないものに対し、効率を著しく損なうような対策を採ることが得策だろうか。どのみちそのような対策は長くは続かない。

　もちろん事故防止対策によってはそれを施行することにより、当該の作業や部署の事故のリスクが減り、効率もほとんど落ちないということがあるかもしれない。しかし、大局的に見ると対策がその作業や部署をと関連した別の作業や部署に別の事故リスク向上や効率低下を引き起こす可能性はある。もしくは将来引き起こすことも考えられる。事故防止対策は局所的にその作業や部署だけの問題解決として捉えると、大局的にシステムや組織の他の箇所やシステムや組織全体に別問題を引き起こすことがある。特に、現在多く見られる大きなシステムは、さまざまな要素が緊密に関係しており、その中の一部の変更が他の要素に影響を及ぼすことが多い。

　事故防止を考えるときにはシステムや組織全体を大局的に捉える必要がある。そして、大局的に見た場合、当該の事故に関してはあまり大仰な対策は取らないほうがいい、大局的に見て他の要素への影響を考えると大仰な対策はできないということもある。

　このように事故の原因を考えてみると、事故の原因を見つけてそれを取り除けば安全が訪れるという発想、つまり私たちが持っている事故原因の考え方自体が間違っているのではないかという気がしてくる。ここからは、次の問題、事故分析をしても私たちが期待するほど明確が原因は明らかにならないことも多いということに関する説明に入る。

(3)　原因は複雑

　例えば、車に乗って道路を走っていたら風で飛ばされた紙切れがフロントガラスに張り付いたため、急ブレーキをかけたら後ろを走っていた車に追突されたという事故があったとしよう。この事故の原因は、前を走っていた車が急ブレーキをかけたことや前の車の急ブレーキに対応しきれないくらい後ろの車が

速かったか、車間距離が狭かったことくらいのことが指摘されるだろう。

このような単純な事故でも直接原因が3つも考えられることになる。さらに紙切れが道路に舞い込んできたことも原因と考えることができるだろうし、なぜ紙切れがフロントガラスに張り付いたからといって急ブレーキをかけたか、なぜ後続車は前の車の急ブレーキに対応できない速度や車間距離で走っていたかなどの間接原因を考えるとこれだけでも随分複雑な問題になってしまう。さらに、この事故はこれでは終わらなかったとしよう。このきっかけとなる事故に続き、これまた狭い車間距離でスピードを出して走っていた後続車の後ろのタンクローリーが後続車に衝突し、後続車は大破炎上、タンクローリーが積んでいたガソリンに引火し大爆発、高速道路は上下線とも閉鎖、並走する新幹線も駅間で緊急停止し、こちらも上下線とも運転休止、駅間で停止した新幹線の乗客を……という風に結果としてはものすごい大事故となるわけである。この大事故の原因は何だろうか。

「飛んできた紙がフロントガラスにくっついた」。

これが田んぼの真ん中を通る、日に数台しか車が通らないような田舎道のできごとであれば、車を止めてフロントガラスから紙を取り除くだけで、最初の追突事故すら起こらないかもしれない。問題なのは、この事象が起こったシステムに、たくさんの多様な車、さらには鉄道およびその乗客などが密接に関係していたことである。

問題は単純で、フロントガラスに紙がくっついたことに対して急ブレーキをかけなければよかっただけなのではないかと思うかもしれない。しかし、急ブレーキをかけなければどうなっていただろう。もしそこが緩やかなカーブで紙で前が見えなくなった車が車線を割り込み、追い越し車線を走っていたハイウェイバスと接触したら？

では、「みんなもっと遅く、前の車の急ブレーキでも安全に対処できるくらいの車間距離で走りましょう」ということにすればいいだろうか？　そんなことが現在の高速道路で実現可能だろうか？

田舎道で起こっていれば単純に考えられる事象でも都会の多くの多様な要因が絡み合ったシステムの中で生じると想像できない事故になることもあるので

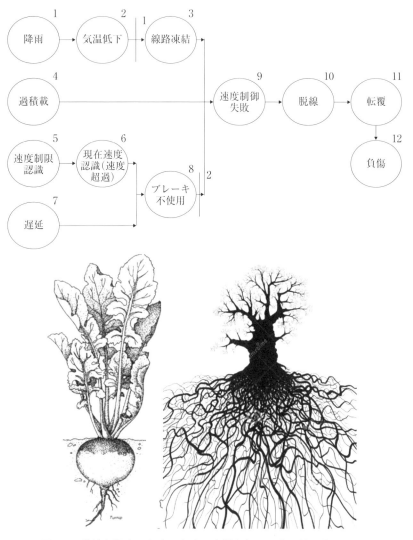

図5.4　単純な根本はなく、多くの多様な根が緊密に絡み合っている

ある。この場合、何か1つか2つの問題を捉えて、「これらが原因だ」と明確にいうことはできない。

それなのに、私たちは、事故原因というとそういう単純な因果関係を求めて

しまうのである。私たちが頭の中に持っている事故原因と事故防止のモデル
は、田舎道の事故専用のものであり、多様な要素が緊密に絡み合ったシステム
の事故原因解明と事故防止にはとても太刀打ちできるモデルではないのであ
る。「根本の原因」などというものはとても見つかるものではない。多様な要
素が緊密に絡み合ったシステムの事故に明確で単純な根本原因はなく（図
5.4）、さまざまな原因がこれが原因だと断言できるほどのはっきりとした原因
の主張もなく存在するわけである（図5.4）。

　いうなれば、そのようなシステム自体が事故原因とでもいうようなものであ
る。このような多くの多様な要素が緊密に絡み合ったシステムの事故はノーマ
ル・アクシデント（Normal Accident）と呼ばれている[21]。

　原子力発電所、航空システム、鉄道システム、交通システム、その他現代社
会のほとんどのシステムは多様な要素が緊密に絡み合ったものであり、そこで
生じる事故の多くは、そのようなシステム自体の特性から生み出される。した
がって、事故の原因も多様なものが緊密に絡み合ったものとして描き出される
べきである。

5.2.7　ノーマルアクシデントの原因分析の傾向と対策

（1）　分析態度

　多くの多様な要素が緊密に絡み合ったシステムの事故原因をどのように分析
すればよいのだろうか。

　端的にいえば、事故原因分析の問題は、分析手法の問題ではなく、どういう
原因を明らかにしようとし、どのような態度で分析に臨むかの問題である。既
存の分析手法を用いても、明らかにしようとする原因のイメージとどのように
分析しようとするかという分析態度により明らかになる結果は異なる。

　田舎道の事故モデルのような単純な事故原因のイメージを持ち、できるだけ
単純で明確な因果関係を示し、わかりやすい対策に結びつけようという態度を
持って分析すれば、単純でわかりやすい（実際の問題は反映されていないが）結
果が現れるだろうし、同じ分析手法であっても人の特性や組織、環境、システ
ムの問題を描写していくようなつもりで粘り強く分析を行えばノーマルアクシ

デント的な側面が自ずと浮かび上がってくる。

　そうはいっても実際やってみるとなかなかうまくいかないのであるが、うまくいかない問題も含めてやり方を考えてみよう。

(2)　本来の手順

　直接原因は、「本来どういう手順で行うことが想定されていた」(Work-As-Imaged：WAI)ところが、事故時には「どういう手順で実施されていたか」の違い(本来の手順からの逸脱)を明らかにするものである。

　しかし、単純な問題として、「本来想定されていた手順」(WAI)と比較した分析ではなく、事故時の手順のみの描写で終わってしまい、逸脱箇所(直接原因)が明確でない分析が多い。また、1つの事故に逸脱箇所(直接原因)は複数存在する場合が多いが、複数の直接原因が捉えきれていないものも多い。

　さらに、想定されていた本来の手順(WAI)と事故時の手順の比較だけでは不十分である。事故時に行われていた手順が実際には事故時に限らず日常的に行われていた事例も多く存在する。その場合、想定された本来の手順(WAI)からの逸脱と捉えると、日常の実態(Work-As-Done：WAD)が反映された分析ではなくなってしまう。

　実際には日常の作業で、想定された本来の手順(WAI)とは違う手順(WAD)が取られていた場合が多く存在する。そもそもマニュアルには簡単な手順が示されるのみで、具体的な詳細なやり方は作業者や現場任せであることが多い。

　したがって、事故時の手順と比較すべき想定された本来の手順自体の記述自体が難しいことが多い。作業者により状況により実際の作業手順が異なる場合、これらと対応させながら事故時の手順を分析しなければ、直接原因は明らかにならない。

(3)　掘り下げが不十分

　分析が抽象的なレベルで終わってしまっていることも多い。事故報告やヒヤリハット報告では「不十分」という言葉をよく見かける。

　筆者がよく引き合いに出す不十分事例に、ある高所作業の転落事故がある。

この報告書では安全帯をつけていたが、安全帯の取り付けが不十分であったことが事故原因の1つとして示されていた。安全帯とは、高所からの転落防止のために主に腰にベルトを巻き、ベルトにつながった命綱を足場や梯子などに取り付けて用いるものである（図5.5）。

　しかし、筆者にはこの不十分が抽象的で、どのように安全帯の取り付けが「不十分」であったのか、まったくイメージできなかった。調べてもらうと、足場の最上段には安全帯のフックの輪を通して留める鉄棒のような手すりがなく、足場の側面が板状に腰の高さくらいまで伸びているものがあるだけであり、作業者はその板の上にフックを引っ掛けただけであった。その板にフックを引っ掛けた状態が「不十分」な取り付けであったのである。

　このような「不十分」が事故報告やヒヤリハット報告には散在し、何となくわかったような感じで終わってしまっているのである。具体的にイメージできないものはさらに踏み込んで分析を続けることはできない。また、事故情報のところ（4.6.3項）でも述べたが、具体的にイメージできない事故情報は自分事

図 5.5　安全帯

として捉えにくい。事故原因分析は、再現ビデオが作れるくらい具体的に描写できることが望ましい。

　間接原因に関しては、直接原因分析よりも抽象度が増すか、ほとんど分析されていないことが多い。間接原因は、人がなぜそのような行動をとったかというところを明らかにしなければならない。

　しかし、人の行動の原因などは当たり前に思えるようなものが多く、具体的に考えなくてもわかったような気になりやすい。

　また、人の行動を具体的に分析しようとすると、人の行動のメカニズム、ヒューマンエラーのメカニズムに関する知識が必要となる。人の行動のメカニズムに関する知識を体系的に学ぶ機会は、大学で心理学科にでも入らなければ得られないために、これを踏み込んで分析するのは困難な場合が多い。この問題を解決するためには、前述の PICHE-COM を提案した。

　さらに厄介な問題として、人の行動の原因を明らかにしようとしても当事者本人ですら答えられないことが多い。したがって、推定で分析せざるを得ない。自分の行動の原因が自分でわからないのかと思うかもしれないが、私たちの多くの行動は無意識に行われており、無意識に行われた行動を意識的な記憶には残っておらず、思い出すことができないことが多い。

　例えば、あなたは今朝どの歯から磨きはじめたかはっきり思い出すことができるだろうか。このような問いをすると、歯ブラシを持つジェスチャーをし出す人がいるが、それは普段どうしているかを再現しようとしているだけで、今日どうしたかの記憶を取り出しているわけではない。再現してみるとどうもいつも右の奥歯から磨いているようだ、というようなことはわかるかもしれないが、今朝どうしたかを思い出すことはできないのではないだろうか。

　事故時の記憶となると意識的にせよ無意識的にせよ自己防衛的な態度を避けることはできない。自分のしたことが事故の大きな原因となってしまったという事態は誰でも避けたい。別に、自分を守るために嘘偽りを言おうと思わなくても、事後を振り返って思い出そうとしたときに、自己防衛的な脚色が無意識に入り込んでしまうことは避けられない。

　逆に、適切に処置をした場合であっても本当は間違っていたのでないかとい

う可能性が提示されると、次第にそうだったかもしれないという気持ちが強くなり、終いには記憶そのものが書き換えられてしまうことさえある。

　事故の事例ではないが、ショッピングモールで迷子になったという実際にはなかった子どもの頃の偽エピソードを、実際にあった本当のエピソードと混ぜて読ませた後で、テストやインタビューを行うと迷子のエピソードが本当にあった記憶として思い出されるという研究もある[22][23]。私たちの記憶は、覚えたときのものがそのまま固定されているわけではなく、日々更新されているのである。

　このようにヒューマンファクターが関連する事故の場合、推定した行動原因の証拠を得られることは少ない。そのため、本当に推定のとおりであったかどうかはわからない。わからないが、人の行動のメカニズムを元に推定を行うことによりある程度もっともらしい状況は明らかになる。もちろん、証拠がないため、この事故分析により当事者の責任を追及することはできない。

　しかし、そもそも事故分析の目的は、事故防止でも責任追及でもない。事故を理解することと事故防止や責任追及は分けて考え、事故防止や責任追及については、事故分析により明らかになった事故情報を元に別の次元で新たに検討する必要がある。

　特に間接原因の分析は推定を多く含み、かつ人の行動メカニズムを踏まえたうえで行う必要があるため難しい。しかし、間接原因の分析も分析結果を読んだ人がそのような状況であれば自分も同じように事故を起こしていたかもしれないと思えるくらい詳しい情報が推定されている必要がある。直接原因の分析の「不十分」と同じように、間接原因の分析でも「不注意」や「ぼんやり」「うっかり」「忘れて」「失念」などの言葉で終わってしまっているものが多い。

　「不注意」で分析が終わっていると報告を読んだ人は、「不注意」な人が起こした事故であって、いつも注意している自分には関係ない事故だと捉えられてしまう。注意が向かなかった原因まで具体的に掘り下げて推定されて初めて、自分もそのような状況に置かれれば同じように注意が向かずに事故を起こしていたかもしれないと思える。さらにその原因を推定することにより、組織や環境、システムの問題が明らかになることが多い。

ここまで分析が進むと「事故を理解できた」というところまで来たといえる。こうなると浮かび上がった原因は、そもそも事故が起こる前から組織や環境、システム、そして人が抱えていた問題であることがわかる。それらは、事故が起こる前から組織や環境、システム、人が抱えていた問題であるが、事故が起こって初めて重要な問題として意識化されるようになったものであることが多い。

（4）　答えは始めからわかっていた？

分析により原因や問題が明らかになると、私たちはそのような問題は事故が起こる前から明らかであったような気がしてくる。

私たちは問題を解く前に答えを知ると、答えを知らなくても自分は容易に問題が解けただろうと勘違いする傾向がある。これを後知恵バイアス（hindsight bias）という。例えば、誰かの行動の起こしやすさを事前に予測したものと、その人がどう行動したかを知ったうえで事前にどのくらいその行動起こしやすいと思うかを予測させた結果を比べると、人は行動を知ったうえで事前予測した場合のほうが本当に事前にその人の行動を予測させた場合よりも、行動の起こしやすさを高く見積もる[24][25]。つまり、どうなったかわかった後では、初めからそうなると思っていたという思いが強くなるのである。

事故防止対策には、事前に気づいて指摘しても多くの人の共感を得られないものが多い。つまり、事前に自明だったように見える問題でも、おそらく事前の指摘では事故防止対策の必要性を認識できないことが多い。

2005年に起こったJR福知山線脱線事故でも「速度制限のあるカーブの直前に速度を検知してブレーキを促す装置（速度照査装置）がなぜ設置されていなかったのか」と、いかにも速度超過によるカーブでの脱線が自明の危険のような批判が出ていた。もちろん、脱線するほどの速度で速度制限のあるカーブに進入する列車が出てくることは理論的にはあり得るものであるが、そのような運転をする運転士とその危険について事前にどのくらい想定できたかは難しいところだと思う。

もちろん、あらゆる可能性を想定すれば事故時の運転士の問題だけではな

く、病気などで意識不明になるなどして曲線手前でブレーキをかけられないという問題も予期はできるだろう。しかし、その危険のためにすべての曲線の手前に速度照査装置を設けるというコストをかけられるかというと、それより優先される安全問題があったということも十分考えられる。

これは1つの例として考えていることであり、JR福知山線脱線事故の問題に限ったものではない。私たちは事故が起こると後知恵バイアスにより、問題を事前にも自明であったと捉えやすく、またその他の安全問題は考えずにその事故に焦点を絞って考えてしまいがちである。これも事故分析のときに注意しなければならない問題である。

なお、優れた事前の事故防止対策は、それが実施されていれば事故は起こらないので誰の目にも止まらない。おそらく、有効な事前対策が世の中では数限りなく実施されているのだろう。しかし、それらは注目されることも、ほめられることもない。注目され、非難されるは、いつも想定から外れた事象が運悪く事故になったものだけである。

最後に、事故分析の注意点を以下にまとめておく。

【事故分析の注意点 (まとめ)】

① すべてを明らかにすることはできない (すべては想定できない)。

② 複数の直接原因が明らかになるように分析する。

③ 想定された手順と実際に行われている手順 (日常およびいくつかの状況の下で行われる手順のバリエーション) を元に事故時の手順の逸脱 (直接原因) を明らかにする。

④ 事故の発生時の様子が具体的にイメージできる (再現ビデオを作れる) まで分析を具体化する。(「不十分」で終わらせない)。

⑤ 自分もそのような状況ならば同じような事故を起こすかもしれないと思えるところまで掘り下げて分析する (「不注意」や「ぼんやり」「うっかり」「忘れ」「失念」で終わらせない)。

⑥ 原因は多くの多様でそれぞれが緊密に結びついたものとして、組織や環境、システムの問題として浮かび上がる。

⑦　後知恵バイアスにより事前に原因や危険が自明であったと思いがちで
あるが、実際には事前にその重要性を認識することは難しい。

第 5 章の参考文献

［ 1 ］　池田敏久：「鉄道事故の分析と対策―ヒューマンエラーをめぐって―」、『人間
工学』、16、（3）、pp. 111-116、1980 年。

［ 2 ］　R.L. Helmreich, H.C. Foushee, R. Benson, and W. Russini: "Cockpit resource
management: Exploring the attitude-performance linkage", *Aviation, Space,
and Environmental Medicine,* 57（12, Sect I）, pp. 1198-1200, 1986.

［ 3 ］　小島克巳、後藤孝夫、加藤一誠：「日本における交通安全政策と規制の変遷
（1950 年～ 2010 年）」、『7 ヶ国における交通安全政策と規制の変遷（1950 年～
2010 年）』, International Association of Traffic and Safety Science（Ed.）,
International Association of Traffic and Safety Sciences, pp. 174-203, 2012.

［ 4 ］　N.F. Maartens, A.D. Wills, and C.B.T. Adams: "Lawrence of Arabia, Sir Hugh
Cairns, and the Origin of Motorcycle Helmets", *Neurosurgery,* 50,（1）, pp. 176-
180, 2002.

［ 5 ］　J. Leplat: "Accidents and incidents production: Methods of analysis", *New
technology and human error,* J. Rasmussen, K. Duncan, and J. Leplat （Eds.）,
John Wiley & Sons, pp. 133-142, 1987.

［ 6 ］　J. Leplat and J. Rasmussen: "Analysis of human errors in industrial incidents
and accidents for improvement of work safety", *New technology and human
error,* J. Rasmussen, K. Duncan, and J. Leplat（Eds.）, John Wiley & Sons, pp.
157-168, 1987.

［ 7 ］　石川雅彦：『RCA 根本原因分析法マニュアル：再発防止と医療安全教育への活
用』、医学書院、2007 年。

［ 8 ］　重森雅嘉、宮地由芽子：「鉄道総研式ヒューマンファクター事故の分析手法」、
『日本信頼性学会第 12 回研究発表会発表報文集』、pp. 11-14、2004 年。

［ 9 ］　S.W.A. Dekker: *The field guide to human error investigations,* Ashgate, 2002.
（小松原明哲、十亀洋 訳：『ヒューマンエラーを理解する―実務者のための
フィールドガイド』、海文堂、2010 年）

［10］　Nuclear-Regulatory-Commission: *Reactor safety study. An assessment of accident risks in U. S. commercial nuclear power plants. Executive summary: main report.*〔PWR and BWR〕, Nuclear Regulatory Commission, WASH-1400-MR; NUREG-75/014-MR; TRN: 77-002146 United States 10.2172/7134131 TRN: 77-002146 Dep. NTIS OGA English, 1975.

〔11〕 石川馨：『新編品質管理入門〈A 編〉（QC テキストシリーズ〈1-A〉）』、日本科学技術連盟、1965 年。

〔12〕 D.A. Norman: *The psychology of everyday things*, Basic Books, 1988.（D.A. ノーマン 著、野島久雄 訳：『誰のためのデザイン？―認知科学者のデザイン原論』、新曜社、2015 年）

〔13〕 D.A. Norman: "Categorization of action slips", *Psychological Review*, 88,（1）, pp. 1-15, 1981.

〔14〕 J. Reason: *Human error*, Cambridge University Press, 1990.（ジェームズ・リーズン 著、十亀洋 訳）、『ヒューマンエラー完訳版』、海文堂、2014 年）。

〔15〕 J. Rasmussen: "Skills, rules, and knowledge; signals, signs, and symbols, and other distinctions in human performance models", *IEEE Transactions on Systems*, Man, & Cybernetics, SMC-13,（3）, pp. 257-266, 1983.

〔16〕 S.A. Shappell and D.A. Wiegmann: *The human factors analysis and classification system-HFACS*, Federal Aviation Administration, 2000.

〔17〕 D.E. Embrey: "SHERPA: A systematic human error reduction and prediction approach", *Proceedings of the International Topical Meeting on Advances in Human Factors in Nuclear Power Systems*, 1986.

〔18〕 B. Kirwan: "Human error identification techniques for risk assessment of high risk systems--Part 1: Review and evaluation of techniques", *Applied Ergonomics*, 29,（3）, pp. 157-177, 1998..

〔19〕 吉津由里子：「ヒューマンエラー事例分析手法 H2-SAFER と分析支援システム FACTFLOW の開発」、『日本プラント・ヒューマンファクター学会誌』、7(1)、pp. 2-9, 2002 年。

〔20〕 河野龍太郎：『医療におけるヒューマンエラー：なぜ間違える　どう防ぐ』、医学書院、2004 年。

〔21〕 C. Perrow: *Normal accidents: Living with high-risk technologies*, Basic Books, 1984.

〔22〕 E.F. Loftus and K. Ketcham: *The myth of repressed memory*, St. Martin's Press, 1994.（E.F. ロフタス、K. ケッチャム 著、仲真紀子 訳：『抑圧された記

憶の神話―偽りの性的虐待の記憶をめぐって』、誠信書房、2000 年）

［23］　E.F. Loftus and J.E. Pickrell: "The formation of false memories", *Psychiatric Annals*, 25(12), pp. 720-725, 1995.

［24］　B. Fischhoff and R. Beyth: ""I knew it would happen": Remembered probabilities of once―future things", Organizational *Behavior & Human Performance*, 13, pp. 1-16, 1975.

［25］　B. Fischhoff: "An early history of hindsight research", *Social Cognition*, 25,(1), pp. 10-13, 2007.

第6章

ヒューマンエラーのススメ

　ヒューマンエラーのメカニズム（図3.2、p.43）から考えるとヒューマンエラーしないということがとても難しいことだとわかる。なぜなら、ヒューマンエラーを起こすメカニズムは私たちが普段効率よくかつ柔軟に生きることを可能にしている行動や判断のメカニズム（図3.1、p.41）でもあるからだ。つまり、同じメカニズムのライトサイドが効率よく、柔軟な行為や判断を実現し、ダークサイドがヒューマンエラーを引き起こしているわけである。

　ならば、ヒューマンエラーを防ぐことは不可能なのだろうか。第5章では、よく用いられているヒューマンエラー防止対策をヒューマンエラーのメカニズムに沿って考察し、ヒューマンエラー防止の基本的な考え方を示した。

　結論は、以下のとおりである。

【ヒューマンエラー防止の基本的な考え方】

① 　多くのヒューマンエラー防止対策は、それなりにヒューマンエラーの防止機能を果たしているが、欠点も多く完璧ではない。

② 　ヒューマンエラーを防ぐためには効率と柔軟性を低下させるのが基本的な考え方である。

③ 　ヒューマンエラーを防ぐには、システムを大局的に捉え、リスクバランスを取る必要がある。

④ 　ヒューマンエラーを防ぐには、普段から作業者などが、創造性を求められる環境に置かれなければならない。

　ヒューマンエラー防止の基本である効率と柔軟性低下は、組織やシステム、個人、そして社会にとって大きなマイナスでもある。だから、大局的に捉えて

リスクバランスを取る必要があるのだ。

　特に柔軟性の低下は、組織やシステム、個人、そして社会の進歩を阻害する。今までやったことのないこと(無知)にチャレンジすることにより組織や個人は成長する。さらには、今まで世の中の誰もやったことのないこと(未知)に挑戦すれば世の中自体が進歩、発展する。これらは、すべてとても「価値」のある挑戦といえる。

　しかし、新しいことに柔軟に取り組もうとすれば、ヒューマンエラーの可能性は高まる。無知で未知で価値のあることをやろうとすれば、ヒューマンエラーは避けて通れないのだ(図6.1)。

　逆にヒューマンエラーを起こしたくなければ、自分がし慣れたことやよく知っていること(既知)のことしかやらないようにしたり、今まで誰かがやったことがあり世の中でやり方が知られていること(全知)しかしないようにすることである。

　つまり、すべての既知のことや全知のことが価値のないこととは言わないが、多くは価値の低いこと(ケチなこと)しか、やらないことになってしまう(図6.2)。しかし、それでは、組織やシステム、個人、そして社会の進歩や発展はない。

　もちろん、「無謀な危険を冒しましょう」というわけではない。しかし、成長にはチャレンジ(挑戦)は必要だ。行為や判断に含まれる危険を知り、他の箇所に及ぶ危険を大局的に考え、そのうえでヒューマンエラーを恐れながら、価値のあることにチャレンジする。そのようなチャレンジに対する判断力や行動力を育てていかないと、大きな未知の危険に遭遇したときにも判断も行為もで

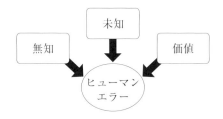

図6.1　ヒューマンエラーの可能性が高まるチャレンジ

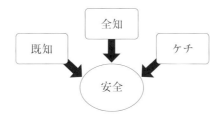

図 6.2　ヒューマンエラーの可能性の低い事柄

きなくなってしまう。そして、ときにはヒューマンエラーも経験していない
と、ヒューマンエラーを起こした後の対応力も身に付かない。

　このような能力を伸ばすには、子どもの頃の経験も重要だ。子どもはヒュー
マンエラーしながら学び、成長していく。そのため、子どもには特に価値のあ
る危険を体験させる必要がある。子どもの遊びは危険と背中合わせである。も
ちろん万一の事故で亡くなったり後遺症の残るようなリスクが高い遊びはさせ
たくないが、危険がまったくない遊びだけしかできないようではおもしろくな
いし、成長の妨げにもなる。

　ヒューマンエラーなどによる危険を体験せずに育った子どもは、チャレンジ
する判断、チャレンジに伴う危険への注意、危険への感覚や対処能力、事故後
の対応能力、事故から学ぶ方法などが身に付かない可能性がある。そのような
子どもが大人になって初めて社会で危険への対処を求められるようになっては
大変だ。

　タリーとスピーグラーは子どもの頃の体験として50の危険を勧めている[1]。
その中には、「電子レンジに変なものを入れてみよう」や「冷凍庫でビンを破
裂させよう」などという、うちの子にはちょっとやらせたくないなというもの
も含まれているし、必ずしも科学的な根拠があって上げられているものではな
い。タリーらがいうものをやらせるべきかどうかは別としても、少しは熱い目
や痛い目に会うような、そして多少ケガすることがあるような危険体験を子ど
もの頃にさせておかなければならないのかもしれない。

　想定外の事象や効率要求に柔軟に対応できるレジリエントなシステムを作る
ためには、危険を感知する能力、危険に対する判断力、危険に立ち向かう能力

などが求められる。これらは子どもの頃からの、そして大人になってからの生活や日常の作業の中での経験によっても身に付けていかなければならない。したがって、無知、未知、価値のあることに日々チャレンジして経験を積んでいる必要がある。そして、そのためには、ヒューマンエラーを許容し、ヒューマンエラーを恐れながらもチャレンジすることができる、エラーから学べる世の中でなければならない。レジリエントなシステムを作るために、世の中をレジリエントにしなければならない。

第 6 章の参考文献

［1］　G. Tlley and J. Spiegler: *50 dangerous things: You should let your children do*, New American Library, 2011.(Gever Tulley、Julie Spiegler 著、金井哲夫 訳：『子どもが体験するべき50の危険なこと』、オライリージャパン、2011年)

注　釈

第 1 章
注 1）　「管理的安全」は「セイフティ I」をもとに考えたものである。そして、後発のアイデアの割には、概念としてほとんど違いはない。しかし、次の理由で「セイフティ I」ではなく「管理的安全」という言葉を使っている。それは、「セイフティ I」に対する「セイフティ II」という概念が、「管理的安全」に対する「創造的安全」とは異なる点が多いためである。「セイフティ I」「セイフティ II」に対して、「セイフティ I」「創造的安全」ではバランスが悪く、かつわかりにくい。このため、「管理的安全」「創造的安全」とした。これに関しては拙著「管理的安全から創造的安全へ」[2]（『立教大学心理学研究』、60、pp. 5-14、2018 年）に詳述した。関心のある方は参照いただけるとありがたい。

第 2 章
注 2）　Hollnagel は、セイフティ I を補う新しい安全としてセイフティ II という概念を提案し、これを「うまくいっていることを継続すること」と定義している。「うまくいっている」のが作業者の創造的対応によるものであり、創造的対応によりうまくいっていることを継続する」のであるならば、創造的安全はセイフティ II と同義であるかもしれない。セイフティ II の「うまくいっていることの継続」が創造的安全に留まらずもっと広い概念であるとするならば、創造的安全はセイフティ II に包括されるものなのかもしれない。

第 3 章
注 3）　スキルベースのスリップやラプス、ルールベースのミステイク、知識ベースのミステイクは、ヒューマンエラーや事故の研究で有名なリーズン（Reason）によるヒューマンエラーの分類であり、参考文献 [1] J. Reason: *Human error*, Cambridge University Press, 1990.（J・リーズン 著、十亀洋 訳、『ヒューマンエラー完訳版』、海文堂、2014 年）を参照されたい。

第 4 章
注 4）　フールプルーフとフェイルセーフを厳密に分けることは難しい。間違った使い方をしようとしてもできないということは、できないことが安全な結果といえるわけだからフェイルセーフともいえる。

索　引

著者紹介

重森雅嘉（しげもり　まさよし）

　静岡英和学院大学・短期大学部現代コミュニケーション学科教授。

　1991年、立教大学文学部心理学科卒業。

　1997年、学習院大学大学院人文科学研究科博士後期課程心理学専攻単位取得退学。

　1997年、財団法人鉄道総合技術研究所基礎研究部安全心理学研究室入社（現、公益財団法人）。

　2013年より現職。2018年、立教大学大学院現代心理学研究科博士（心理学）取得。

　研究テーマは、ヒューマンエラー、産業安全、労働災害防止、事故の原因分析、サイエンスコミュニケーション。中日本高速道路株式会社やクミアイ化学工業株式会社など企業との共同研究を実施。公益財団法人医療機能評価機構の医療事故情報収集事業における専門委員、WILLER TRAINS株式会社安全評価外部委員などを務める。製造や建設、運輸事業者、病院での安全講演も行っている。

　著書に『ヒューマンエラーの理論と対策』（共著、芳賀繁（監修）、エヌ・ティー・エス、2018年）、『高齢者の犯罪心理学』（共著、越智啓太（編著）、誠信書房、2018年）、『品質月間テキストNo.434 ヒューマンエラーの認知科学』（品質月間委員会、2018年）などがある。

　所属学会：日本心理学会、産業・組織心理学会、日本人間工学会、医療の質・安全学会、日本社会心理学会、日本応用心理学会、日本認知心理学会。

ヒューマンエラー防止の心理学

2021 年 1 月 30 日　第 1 刷発行
2023 年 9 月 20 日　第 4 刷発行

著　者　重森　雅嘉
発行人　戸羽　節文

発行所　株式会社 日科技連出版社
〒 151-0051　東京都渋谷区千駄ケ谷 5-15-5
DS ビル
電　話　出版　03-5379-1244
　　　　営業　03-5379-1238

検　印
省　略

Printed in Japan

印刷・製本　壮光舎印刷

© Masayoshi Shigemori 2021
ISBN 978-4-8171-9728-3
URL https://www.juse-p.co.jp/